省级实验教学示范中心系列教材

大学化学实验(Ⅱ)——有机化学实验

石春玲　主编
田　林　吴　琼　副主编

化学工业出版社
·北京·

本书共分为有机化学实验基础知识、有机化合物的性质实验、基础合成实验、天然产物的提取、综合性合成实验和设计性合成实验六大部分，前四部分属于基础实验，加强了典型有机化合物合成实验的内容，压缩了验证性实验。其中合成实验以典型有机反应为基础，融入了一些应用及影响广泛、内容新颖的反应及化合物类型，选择了一些非常规条件下的合成方法，并选用一些近代实验内容，实验中也涉及了具有代表性的天然产物的提取。综合性实验突出了综合训练和应用性，同时兼顾农药、医药、生命科学等专业的教学需要，设计性合成实验仅仅给出了合成提示。每个实验均有化合物的物理常数、e网链接等项目，每个制备实验后面给出了产物的红外谱图，供读者参考。

本书可供高等学校化学及相关专业有机化学实验课程使用，还可供化学、化工、轻工、食品、环境等行业的相关技术及管理工作者参考。

图书在版编目（CIP）数据

大学化学实验（Ⅱ）——有机化学实验/石春玲主编．—北京：化学工业出版社，2014.9（2021.7 重印）
省级实验教学示范中心系列教材
ISBN 978-7-122-21037-1

Ⅰ．①大…　Ⅱ．①石…　Ⅲ．①化学实验-高等学校-教材②有机化学-化学实验-高等学校-教材　Ⅳ．①O6-3

中国版本图书馆 CIP 数据核字（2014）第 135588 号

责任编辑：宋林青　　文字编辑：孙凤英
责任校对：陶燕华　　装帧设计：史利平

出版发行：化学工业出版社（北京市东城区青年湖南街 13 号　邮政编码 100011）
印　　装：涿州市般润文化传播有限公司
787mm×1092mm　1/16　印张 10¼　字数 242 千字　2021 年 7 月北京第 1 版第 3 次印刷

购书咨询：010-64518888　　售后服务：010-64518899
网　　址：http：//www.cip.com.cn
凡购买本书，如有缺损质量问题，本社销售中心负责调换。

定　　价：29.80 元

《大学化学实验》系列教材编委会

主　编： 堵锡华

副主编： 陈　艳

编　委（以姓名笔画为序）：

石春玲　田　林　史小琴　冯　惠
冯长君　朱　捷　庄文昌　刘　彤
刘　青　李　靖　李鸣建　吴　琼
陈　艳　周颖梅　宫贵贞　高淑云
堵锡华　董黎明　蔡可迎

FOREWORD 前言

《大学化学实验》系列教材共分五册，是根据目前大学基础化学实验改革的新趋势，在多年实践教学经验的基础上编写而成的。本教材自成体系，力求实验内容的规范性、新颖性和科学性，编入的实验项目既强化了基础，又兼顾了综合性、创新性和应用性。教材将四大化学的基本操作实验综合为一册，这样就避免了各门课程实验内容的重复；其他四册从实验（Ⅰ）～实验（Ⅳ），涵盖了无机化学实验、有机化学实验、分析化学实验、物理化学实验的专门操作技能和基本理论，增加了相关学科领域的新知识、新方法和新技术，并适当增加了综合性、设计性和创新性实验内容项目，以进一步培养学生的实际操作技能和创新能力。

本书是《大学化学实验》系列教材的分册之一，是根据教育部化学和应用化学专业基本教学内容、国家化学基础课实验教学中心及江苏省高校基础课实验教学中心关于有机化学实验课内容的基本要求编写的。

本书按照由浅入深，由一步反应到多步反应的顺序排列，共分为六大部分。

第1章，有机化学实验基础知识，包括：有机化学实验室规则；有机化学实验安全知识；有机化学实验预习、记录和实验报告。

第2章，有机化合物的性质实验，这部分与其他书相比有较大的压缩，仅选取了代表性化合物的性质验证。

第3章，基础合成实验。这是本书的主干部分，在选择内容时，以典型有机化学反应为基础，融入近年来一些应用和影响广泛、内容新颖的有机反应及化合物类型；在编排内容时，以化合物类型为基本顺序，在每个实验的原理部分介绍了这一化合物的一般制备方法(包括实验室或工业合成)、用途及最新进展；涉及了非常规条件的有机合成方法，给出几个基本实验供选择，简单介绍近现代实验技术。

第4章，天然产物的提取。有些天然产物可直接作为药物、香料，有些则为新结构药物、农药的研究提供模型化合物，这部分介绍了几种代表性的天然产物的提取。

第5章，综合性合成实验。在选择此部分内容时，突出了综合训练和应用性，兼顾农药、医药、生命科学等专业的教学需要；对于多步反应实验，有些是作为独立的实验给出，以供选做。

第6章，设计性合成实验（亦称文献实验），给出了层次分明的若干题目，一般给出合成提示，并附以相关文献，由同学们自行设计、确定具体的实验操作步骤，与老师讨论后再进行实验；进行设计性合成实验的目的在于，培养学生的初步科研能力，为将来工作或学习中进行科学研究打下一定的基础，在做开放性实验时也可采用。

在第2章～第5章的内容中，每个制备实验都给出了“物理常数”项，包含有关反应物、中间产物和最后产物的某些物理常数，以帮助学生观察、理解实验现象和分离纯化步骤中的操作；e网链接则提供一些与实验相关的网络连接，同时还提供了每个产物的红外谱图，以供学生比对和参考。

我们根据自身的教学积累，并力求参考其他院校的成功经验，在实验内容、实验后的注意事项及其他地方加以体现这些经验积累。

本书的内容远超过目前的教学时数，各校在使用时可以根据自己的专业特点、教学实际情况，选择不同层次的内容。

本书的附录部分，列出了与有机化学实验相关的必要资料、数据及常数等。

本书由石春玲任主编，田林、吴琼任副主编。其中石春玲编写实验 3、实验 14～实验 21、实验 36、实验 45、实验 46、实验 48；陈艳编写 1.1、实验 1、实验 2、实验 7～实验 13、实验 35、实验 43、实验 44、实验 47；田林编写 1.3、实验 5、实验 6、实验 28～实验 34、实验 40～实验 42、实验 50、实验 51；吴琼编写 1.2、实验 4、实验 22～实验 27、实验 37～实验 39、实验 49。

本书除适用于化学化工相关专业的本科学生实验教学外，还可供化学、化工等行业的技术及管理工作者参考。

由于编者水平所限，恳请读者对本书的疏漏、不足之处给予批评指正！

编　者

2014 年 4 月

CONTENTS 目录

有机化学实验基础知识

有机化学实验是有机化学教学的重要组成部分，有机化学实验教学的基本任务是使学生验证、巩固和加深所学的有机化学基本知识，训练学生正确掌握有机化学实验操作技能，培养学生观察、分析和解决问题的能力，养成实事求是的科学态度和严谨的工作作风。我们首先介绍有机化学实验的基础知识，学生在进行有机化学实验以前应该熟悉这部分内容。

1.1 有机化学实验室规则

为保证有机化学实验正常、有效、安全地进行，保证实验课的教学质量，学生必须遵守有机化学实验室规则。

① 认真学习有机化学实验室规则，了解有机化学实验室的安全知识及有机化学实验的基本要求。

② 切实做好实验前的一切准备工作，包括认真预习实验内容，查阅相关的文献资料，明确实验的目的和要求，了解实验的基本原理、步骤和操作技术，熟悉实验中所用药品、仪器，写出实验预习报告，没有达到预习要求者不得进行实验。

③ 实验操作严格按操作规程进行，如有改变，需征求任课教师同意，实验中要精神集中、认真仔细观察实验现象，积极思考，忠实记录，如遇实验结果和理论不符应分析原因或重做实验。

④ 实验过程中保持实验室的环境卫生，棉花、火柴梗、用过的滤纸等固体废物应放在垃圾桶内，不得丢入水槽；废酸、废碱等液体废物应倒在指定的废液桶内，废溶剂倒在指定的密封容器中回收。

⑤ 爱护公物。公用仪器、药品用完后要放回原处，并保持原样。如有损坏应及时报告指导教师，办理登记、赔偿、换领手续。

⑥ 实验完成后，将个人实验台面打扫干净，仪器洗净、挂放好，拔掉电源插头，经指导教师检查在记录本上签字后方可离开实验室。

⑦ 学生轮流做值日。值日生负责整理共有仪器和药品，打扫实验室，倒净垃圾桶和废液缸，检查水、电、气及门窗是否关好，经实验室管理人员认可后方可离开。

⑧ 实验后按照实验记录和数据独立完成实验报告，不得拼凑或抄袭他人数据。实验报告按照教师要求认真书写，并及时上交。

1.2 有机化学实验安全知识

在有机化学实验中，所用药品大部分都是易燃、易爆、有毒、有腐蚀性的，所用的仪器大部分也都是易破碎的玻璃制品，因此，在有机化学实验室中安全知识尤为重要。进入有机化学实验室后，必须深刻认识到其潜在的危险性，做实验时要细致认真，严格遵守操作规程，切忌粗心大意，违反操作规定，酿成不必要的事故。下面介绍有机化学实验室的安全守则和常见事故的预防和处理。

1.2.1 有机化学实验室的安全守则

① 进入有机实验室工作，必须穿实验服，穿能够盖住脚面的舒适平底鞋，有条件的情况下戴橡胶手套及防尘口罩，尽量减少皮肤的裸露面积，这样可以有效避免皮肤的灼伤和有毒气体对呼吸道的刺激。

② 了解实验室内水、电、气的开关位置，灭火器材和急救箱的摆放地点和使用方法，严格遵守实验室的安全守则，若发生意外事故及时处理并报请老师做进一步的处理。

③ 有机实验室中严禁吸烟、饮水和吃各种食物，防止火灾和食物中毒。

④ 做有机实验前，一定养成在实验台的右上角放上一块湿抹布的良好习惯，尤其是有明火加热的实验，这个细节更加重要。

⑤ 完成每次有机实验离开实验室前，必须用肥皂或洗手液洗净双手后，方可离开。

1.2.2 有机化学实验室常见事故的预防与处理

(1) 火灾的预防与处理

有机实验室中所用的有机试剂大部分具有易燃性，因此着火是有机实验室中最常见的事故之一，为避免发生火灾，必须注意以下事项。

① 不能用敞口容器加热和放置易燃、易挥发的化学试剂。加热时，应根据实验要求和物质的特点选择正确得当的加热方法。当附近有露置的易燃溶剂时，切勿点火。

② 蒸馏或者回流有机物时应加入沸石，防止暴沸。装置不能漏气也勿密闭，否则容易发生爆炸。蒸馏装置接收瓶逸出的尾气出口应远离明火，最好用橡皮管通入下水道。

③ 油浴加热时，必须注意避免冷凝水溅入热的油浴中导致油溅到热源上而引起火灾。

④ 尽量防止或减少易燃气体的逸出。当处理大量易燃物时，须远离明火，并在通风橱中进行相关操作，注意室内通风。

⑤ 不得把燃着或带火星的火柴或纸条到处乱抛乱扔，更不得将其丢入废液缸中，以免发生火灾。

⑥ 实验室不得存放大量易燃、易挥发性的物质，并需要注意通风。

实验室中如果遇到火灾，应根据起火原因和火势情况，沉着冷静处理，控制事故的扩大，一般采取以下几种措施。

① 首先，为防止火势扩展，应立即熄灭附近所有火源，切断电源，移走未着火的可燃物。

② 根据火势情况，立即灭火：若火势较小，可以用湿抹布或者砂灭火；若火势较大，就必须用灭火器进行灭火。有机物着火，切勿用水浇方式灭火，否则会引起更大的火灾；油类物质着火，可以用砂或灭火器进行灭火，也可以撒上干燥的碳酸氢钠粉末进行灭火；电器着火，应立即切断电源，然后用四氯化碳灭火器或者二氧化碳灭火器进行灭火，其中最常使用二氧化碳灭火器，因为四氯化碳蒸气有毒，在空气流通性差的地方使用相当危险。

③ 如果火势通过以上方式还控制不住，应立即拨打火警电话119。

(2) 爆炸的预防与处理

对有机实验室中的爆炸事故应以预防为主，一旦发生爆炸危险时，首先要沉着冷静，然后根据情况进行险情排除或及时安全撤离，并及时报警。一般对于爆炸预防主要采取如下几种措施。

① 搭置实验装置时，不能造成密闭体系，应注意保持装置与大气相通。在操作过程中如遇到堵塞情况，应立即停止加热，将堵塞排除后方可继续加热。

② 对反应过于剧烈的实验，应严格控制反应加料的速度和顺序，并注意观察及控制反应的温度，保证反应平稳进行。

③ 很多化合物容易发生爆炸，例如过氧化物、重金属乙炔化物、芳香族多硝基化合物等，在受热或者受到碰撞时都有可能发生爆炸。含过氧化物的乙醚在蒸馏时有爆炸的危险，乙醇和浓硝酸的混合也会引起特别强烈的爆炸。醚类和汽油类的蒸气和空气相混合时极其危险，可能会由一个热的表面或者一个电花、火花而引起剧烈爆炸。所以对于这类易燃易爆物质，切勿接近明火，且需注意减少摩擦，更不能重压或猛烈撞击。

④ 蒸馏操作时，不管是减压蒸馏还是常压蒸馏，均需要注意不能将液体蒸干，以免由于局部过热而发生爆炸。减压蒸馏时，需要注意不能使用平底烧瓶、锥形瓶等薄壁不耐压的容器作为反应容器或接收瓶，操作时候最好能戴上防护眼镜。

(3) 中毒的预防和处理

大多数有机化学品都具有一定的毒性，为防止中毒，应尽力做好预防工作，通常有如下几种防护措施。

① 实验前，必须做好充分的预习，了解实验中所要用到的各类药品的性能、危害性及防护措施。称量时，应使用药匙等工具，最好能佩戴乳胶手套，在通风橱中进行，尽量避免药品与皮肤及五官的直接接触，尤其注意避免药品与伤口的接触。

② 在反应过程中，可能生成有毒或有腐蚀性的气体，该类实验应加气体吸收装置，并在通风橱中进行。在使用通风橱时，应注意不要把头伸入通风橱内。

③ 在有机化学实验中，不准用嘴吸吸量管，减压抽滤时也绝对不允许使用嘴吸气，以免吸入有毒化学品，导致中毒。

④ 有些剧毒物质例如氰化物等，接触皮肤会渗入皮肤导致中毒，因此接触该类有毒物质时，需佩戴橡胶手套小心取用。做完所有有机实验，离开实验室时，均应用肥皂或洗手液将手洗净，方可离开。

假如已经发生中毒事件，应采取如下措施进行处理。

① 药品溅入口中尚未吞下时，应立即吐出，并用大量水冲洗口腔。

② 如已吞下，应根据毒物性质服以不同的解毒剂，并立即送往医院。

a. 吞食酸中毒：先饮用大量水，然后服用氢氧化铝膏、鸡蛋清、牛奶，不要吃呕吐剂。

b. 吞食碱中毒：先饮用大量水，然后服用醋、酸果汁、鸡蛋清、牛奶，不要吃呕吐剂。

c. 吞食刺激性及神经性毒物中毒：先服用牛奶或鸡蛋清使之冲淡缓和，再用一大匙硫酸镁（大约 30g）溶于一杯水中，服下催吐。有时也可以使用手指伸入喉部促使快速呕吐。

d. 吸入有毒气体中毒：将中毒者迅速转移至室外，解开衣领和纽扣。如果是吸入少量氯气或者溴中毒者，可以用稀碳酸氢钠溶液漱口。

(4) 灼伤的预防和处理

人体皮肤接触高温或强酸、强碱、溴等腐蚀性物质后均可能被灼伤。为了避免灼伤事故的发生，实验室应避免皮肤与上述可能引起灼伤的物质直接接触，取用该类物质时，最好戴橡胶手套和防护眼镜。

假如发生灼伤事件，应采取如下措施。

① 被高温灼伤：用大量水冲洗后，在伤口处涂抹红花油，然后擦烫伤膏。

② 被强碱灼伤：先用大量水冲洗，然后用1%～2%的醋酸或硼酸溶液冲洗，再用水冲洗，最后涂上烫伤膏。

③ 被强酸灼伤：先用大量水冲洗，然后用1%～2%的碳酸氢钠溶液冲洗，最后涂上烫伤膏。

④ 被溴灼伤：应立即用大量水冲洗，然后用酒精擦洗或者用2%的硫代硫酸钠溶液擦洗至灼伤处呈白色，最后涂上甘油或者鱼肝油软膏并加以按摩。

⑤ 眼睛被药品灼伤：应立即用洗眼杯盛大量水冲洗眼内眼外，如被酸灼伤，可以用1%的碳酸氢钠溶液冲洗，如被碱灼伤，也可以用1%的硼酸溶液清洗。

上述各种急救方法，仅为暂时减轻痛苦的初步处理，如果伤势较重，在迅速急救后，应迅速送往医院接受专业治疗。

(5) 玻璃割伤的预防和处理

有机实验中使用的仪器多为玻璃制品，所以操作马虎，很容易发生割伤事件。使用玻璃仪器防止割伤最根本的原则是不能对玻璃仪器的任何部位施加过度的压力。具体操作时，应注意以下几点。

① 新割断的玻璃管口处特别锋利，很容易割伤手部，因此使用时，应将其锋利边口，用火烧至熔融，或者用锉刀将其锉成圆滑状，使之光滑后才可使用。

② 用玻璃管或者温度计插入塞子或者橡皮管时，应用水、甘油等作为润滑剂，并慢慢旋转，不可强行插入或拔出，用力部位也不可离塞子太远。

假如发生割伤事件，应仔细检查，及时处理。

① 伤口较浅。应及时挤出污血，检查伤口处是否有玻璃碎片，如果有玻璃碎片应及时用消毒过的镊子将其取出，并用生理盐水洗净伤口，涂上碘伏，再贴上“创可贴”。

② 伤口较深。如果静（动）脉血管被割破，伤口较深，流血不止时，应首先止血，止血方法为：立即用绷带在伤口上部约5～10cm处扎紧或者用双手掐住该位置，迅速送往医院救治。

(6) 触电的预防和处理

进入实验室后，应首先了解灭火器、石棉布、水电开关及实验室总电闸的位置，掌握它们各自的使用方法。使用电器时，应检查线路连接是否正确，防止人体与导电部分直接接触，决不能用湿手或者手握潮湿物体触碰带电插头。为了防止触电，装置和设备的金属外壳都应接地线，实验结束后应立即切断电源，再拔电源插头，最后关冷凝水。值日生做完实验后，要关掉所有水闸和电闸，才可离开实验室。

如有触电事故发生，应设法立即使触电者脱离电源，然后对严重者做人工呼吸，同时立即送医院抢救。

1.2.3 有机化学实验室的急救器具

(1) 消防器材

二氧化碳灭火器，干粉灭火器，四氯化碳灭火器，砂桶，湿抹布，毛毡，喷淋设备等(表1-1)。

表 1-1 有机实验室常用灭火器的类型及适用范围

灭火器类型	主要内置成分	适用范围
二氧化碳灭火器	液态二氧化碳	适用于电器设备灭火或者小范围的油类及忌水化学品的灭火
泡沫灭火器	硫酸铝和碳酸氢钠	适用于油类物质着火，但污染严重，后处理麻烦
干粉灭火器	碳酸氢钠等盐类物质与适量的防潮剂和润滑剂	适用于油类、可燃性气体、电器设备、精密仪器、图书文件等物品的早期火灾
四氯化碳灭火器	液态四氯化碳	适用于电器设备灭火，小范围的汽油、丙酮等灭火，不能用于金属钠、钾的着火。四氯化碳蒸气有毒，在空气流通性差的地方使用相当危险
酸碱灭火器	硫酸和碳酸氢钠	适用于非油类和电器设备着火的初期火灾

(2) 急救药箱

创可贴，纱布，绷带，胶布，剪刀，镊子，消毒棉花，洗眼杯，碘酒，碘伏，1%～2%的硼酸溶液，1%～2%的醋酸溶液，3%双氧水，2%的硫代硫酸钠溶液，1%～2%的碳酸氢钠溶液，70%酒精，氢氧化铝膏，红花油，药用蓖麻油，硼酸膏，烫伤膏，凡士林，磺胺药粉，甘油或者鱼肝油软膏，云南白药等。

1.3 有机化学实验预习、记录和实验报告

有机化学实验是一门理论联系实践的综合性较强的课程，对培养学生的独立工作能力具有重要的意义。我们对实验预习、实验记录和实验报告等有机化学实验的三个环节提出了基本要求，以保证学生能够达到有机化学实验的教学目的。

1.3.1 实验预习

为了使实验能够达到预期的效果，在实验之前要做好充分的预习和准备工作。

实验预习的主要方法如下。

(1) 预习时应有安全意识

有机化学实验在实施的过程中经常会用到易燃、腐蚀性强、有毒性的化学药品，因此在预习的过程中要注意预习实验过程中所遇到的药品的理化性质，正确使用药品，避免因使用不当造成危险。

(2) 预习时应有疑问精神

例如在预习正丁醚的制备实验中，细心的同学应该注意到，在搭建实验装置时要求分水器中放入 $(V-V_0)$ mL 的水，V_0 是怎么得出的？为什么 V_0 比理论计算出的数值要稍大？带着这样的疑问去预习实验能够让我们更全面地理解实验原理。

(3) 预习时应有记录

预习的目的是使同学们能够做到实验目的明确、实验原理清楚、熟悉实验内容和方法、牢记实验条件和实验中有关的注意事项。在此基础上简明扼要地写出预习记录。

预习记录应该包括以下几个方面。

① 实验目的与要求。

② 反应原理，用反应式表示主反应和副反应，并简要画出反应机理。

③ 原料、产物和副产物的物理常数；试剂的规格，原料的用量（单位：mol)。

④ 正确而清楚地画出装置图，简述实验步骤和操作原理；做合成实验时，应画出粗产物纯化的流程图。

⑤ 实验中可能出现的问题，尤其是安全问题，要写出防范措施和解决办法。

⑥ 学生在预习实验过程中遇到的疑问点要记录，在老师授课的过程中以便针对疑问点来提问。

1.3.2 实验记录

实验过程中要精力集中，仔细观察实验现象，实事求是地记录实验数据，积极思考，发现异常现象应仔细查明原因，或请指导教师帮助分析处理。实验记录是科学研究的第一手资料，实验记录的好坏直接影响对实验结果的分析。因此必须对实验的全过程进行仔细观察和记录。特别对如下内容要及时并如实地记录：①加入原料的量、顺序、颜色；②随温度的升高，反应液颜色的变化、有无沉淀及气体出现；③产品的量、颜色、熔点、沸点等数据。实验记录时要与实验步骤一一对应，内容要简明准确，书写清楚。

1.3.3 实验报告

实验报告应该是整个实验过程的真实写照。实验报告的首要考查点应该是真实性，包括实验过程的真实性、实验数据的真实性。一份不具有真实性的实验报告写得再好也要以零分计，这样既可以督促学生认真做实验，也能培养学生严谨的科学态度。一份真实的实验报告同样有着质量上的优劣，一份完整的实验报告应该包括以下九部分：实验目的、实验原理、实验仪器及药品（药品包括物化性质）、实验装置图、实验步骤及观察现象、粗产品的纯化，产率计算、思考题、实验小结。

实验报告范例　正溴丁烷的制备

【实验目的与要求】

1. 学习由正丁醇与氢溴酸反应制备正溴丁烷的合成原理；
2. 掌握实验室制备正溴丁烷的实验方法；
3. 掌握回流反应及气体吸收装置的安装和使用。

【实验原理】

主反应：

$$NaBr + H_2SO_4 \longrightarrow HBr + NaHSO_4$$

$$CH_3CH_2CH_2CH_2OH + HBr \xrightarrow{H_2SO_4} CH_3CH_2CH_2CH_2Br + H_2O$$

副反应：

$$CH_3CH_2CH_2CH_2OH \xrightarrow{H_2SO_4} CH_3CH_2CH{=}CH_2 + H_2O$$

$$2CH_3CH_2CH_2CH_2OH \xrightarrow{H_2SO_4} (CH_3CH_2CH_2CH_2)_2O + H_2O$$

$$2HBr + H_2SO_4 \longrightarrow Br_2 + SO_2 + 2H_2O$$

【仪器、试剂与材料】

1. 仪器：圆底烧瓶 100mL、球形冷凝管、干燥管、普通漏斗 75cm、烧杯 500mL、分液漏斗 125mL、直形冷凝管、磁力搅拌加热器。

2. 试剂和材料：浓硫酸（C. P.），正丁醇（C. P.），溴化钠（C. P.），无水氯化钙（C. P.），饱和碳酸钠溶液。

试剂名称	相对分子质量	熔点/℃	沸点/℃	相对密度 d_4^{20}	水溶性
正丁醇	74.12	−88.9	117.7	0.8098	微溶于水
98%硫酸	98.08	—	338	1.84	与水互溶
正溴丁烷	137.03	−112.4	101.3	1.270～1.276	不溶于水

【实验装置图】

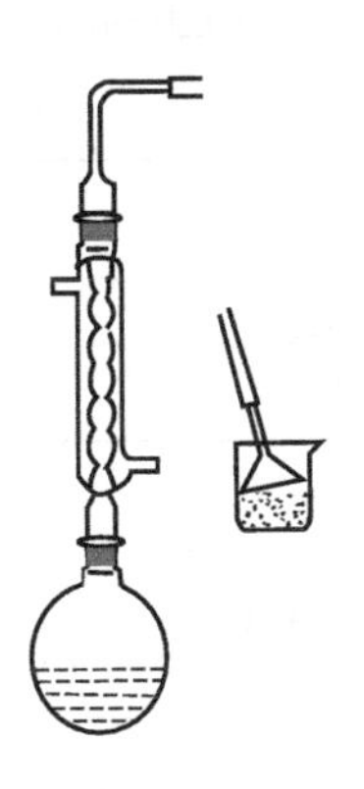

【实验步骤】

实验步骤	实验现象及解释
1. 向 150mL 圆底烧瓶中分别倒入 20mL 水、29mL 浓硫酸，振摇后冷却。	放热，烧瓶烫手。
2. 冷却后，按顺序向反应体系里加入 18.5mL 正丁醇和 25g 溴化钠，振摇，加入 2～3 粒沸石。	不分层，有许多溴化钠未溶。瓶中已出现白雾状溴化氢。 $NaBr+H_2SO_4 \longrightarrow HBr+NaHSO_4$
3. 装冷凝管、气体吸收装置，电热套小火加热 1h。	沸腾，瓶中白雾状溴化氢增多。并从冷凝管上升，被气体吸收装置吸收。瓶中液体由一层变为三层，上层开始极薄，中层为橙黄色，上层越来越厚，中层越来越薄，最后消失。上层颜色由淡黄变成橙黄。 $NaBr+H_2SO_4 \longrightarrow HBr+NaHSO_4$ $CH_3CH_2CH_2CH_2OH+HBr \xrightarrow{H_2SO_4} CH_3CH_2CH_2CH_2Br+H_2O$(主要反应) $CH_3CH_2CH_2CH_2OH \xrightarrow{H_2SO_4} CH_3CH_2CH{=}CH_2+H_2O$(副反应) $2CH_3CH_2CH_2CH_2OH \xrightarrow{H_2SO_4} (CH_3CH_2CH_2CH_2)_2O+H_2O$(副反应) $2HBr+H_2SO_4 \longrightarrow Br_2+SO_2+2H_2O$(次要反应)
4. 稍冷后，将实验装置改成蒸馏装置，加入 2～3 粒沸石，蒸出有机相。	馏出液一开始浑浊，片刻后反应液分层。瓶中上层越来越少，最后消失，等馏出液不再有油珠出现时，表明反应液中有机相已经全部蒸出。
5. 粗产物依次用 15mL 水、10mL 浓硫酸、15mL 水、15mL 饱和碳酸氢钠溶液、15mL 水洗涤。	用浓硫酸洗涤时，滴加浓硫酸时发现浓硫酸落在下层证明上层为有机相。用饱和碳酸氢钠洗涤时，分层时中间会有絮状物，加些食盐水可破乳。
6. 将粗产物放入 50mL 干燥的锥形瓶中，加入 2g 无水氯化钙干燥 0.5～1 h。	粗产物呈乳浊状，稍摇后透明。
7. 产物滤入 30mL 蒸馏瓶中，加入沸石 2～3 粒，蒸馏收集 99～103℃之间的馏分。	99℃以前的馏出液较少，大部分集中在 101～102℃之间，最后升至 103℃，温度下降，瓶中残余很少液体，停止蒸馏。
正溴丁烷的质量：18g	产率：66%

【实验流程图】

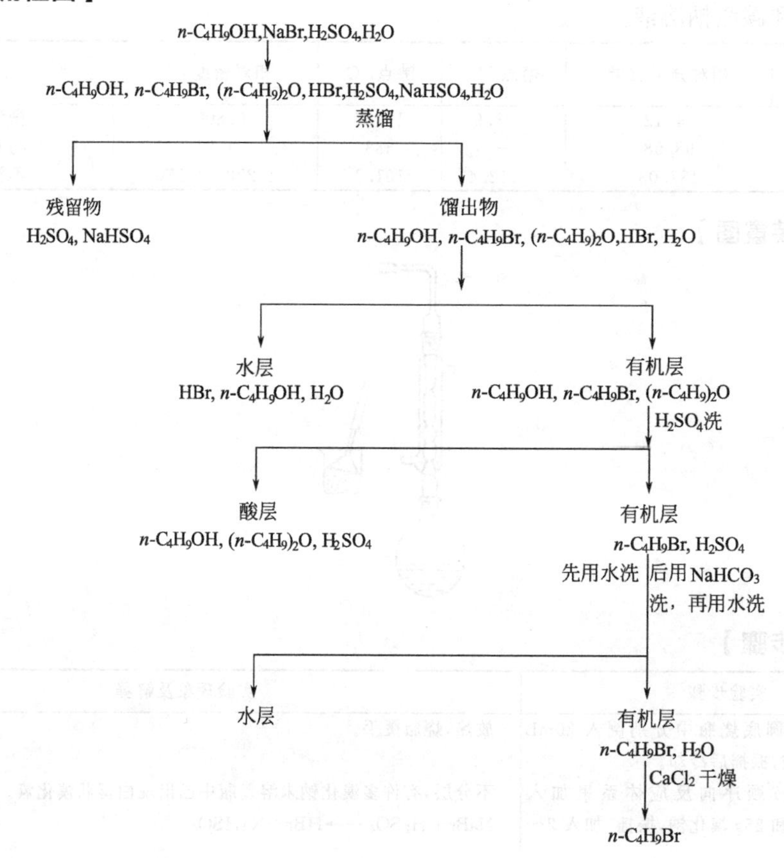

【产率计算】

因为其他试剂过量，理论产量应以正丁醇为标准进行计算。

$$CH_3CH_2CH_2CH_2OH + HBr \xrightarrow{H_2SO_4} CH_3CH_2CH_2CH_2Br + H_2O$$

1   1

0.2mol n

正溴丁烷的理论产量：

$$n = 0.2\text{mol}$$

$$m = 137\text{g/mol} \times 0.2\text{mol} = 27.4\text{g}$$

正溴丁烷的产率：

$$产率 = \frac{实际产量}{理论产量} \times 100\%$$

【思考题】

1. 本实验中硫酸的作用是什么？硫酸的用量和浓度过大或过小有什么不好？

答：硫酸的作用是反应物、催化剂。过大时，反应生成大量的 HBr 逸出，且易将溴离子氧化为溴单质；过小时，反应不完全。

2. 反应后的产物中可能含有哪些杂质？各步洗涤的目的何在？用浓硫酸洗涤时为何需用干燥的分液漏斗？

答：可能含有的杂质为n-C_4H_9OH，(n-C_2H_5)$_2O$，HBr，n-C_4H_9Br，H_2O。

各步洗涤目的：①水洗除 HBr、大部分 n-C_4H_9OH；②浓硫酸洗去（n-C_2H_5)$_2O$、余下的 n-C_4H_9OH；③再用水洗除大部分 H_2SO_4；④用 $NaHCO_3$ 洗除余下的 H_2SO_4；⑤最后用水洗除 $NaHSO_4$ 与过量的 $NaHCO_3$ 等残留物。

用浓硫酸洗时要用干燥分液漏斗的目的是防止降低硫酸的浓度，影响洗涤效果。

如果 1-溴丁烷中含有正丁醇，蒸馏时会形成前馏分（1-溴丁烷-正丁醇的恒沸点 98.6℃，含正丁醇 13%），而导致精制产率降低。

3. 用分液漏斗洗涤产物时，产物时而在上层，时而在下层，你用什么简便方法加以判断？

答：从分液漏斗中倒出一点上层液或放出一点下层液于一盛水试管中，看是否有油珠出现来判断。

4. 为什么用饱和的碳酸氢钠溶液洗涤前先要用水洗一次？

答：先用水洗，可以除去一部分硫酸，防止用碳酸氢钠洗时，碳酸氢钠与硫酸反应生成大量二氧化碳气体，使分液漏斗中压力过大，导致活塞蹦出；再用饱和碳酸氢钠溶液洗涤可进一步除去硫酸。洗涤振摇过程要注意放气！

5. 用分液漏斗洗涤产物时，为什么摇动后要及时放气？应如何操作？

答：在此过程中，摇动后会产生气体，使得漏斗内的压力大大超过外界大气压。如果不经常放气，塞子就可能被顶开而出现漏液。操作如下：将漏斗倾斜向上，朝向无人处，无明火处，打开活塞，及时放气。

【实验小结】

1. 在投料的过程中，由于疏忽大意忘记投放沸石，在加热的过程中引起爆沸，暂停反应后，待反应混合物冷却以后，补加沸石，导致实验时间大大延长。以后做反应时谨记这次实验教训，避免类似的失误发生。

2. 醇能与硫酸生成鎓盐，而卤代烷不溶于浓硫酸，故随着正丁醇转化为正溴丁烷，烧瓶中分成三层。上层为正溴丁烷，中层为硫酸氢正丁酯，中层为消失即表示大部分正丁醇已转化为正溴丁烷。上、中两层液体呈橙黄色，可能是由于副反应产生所致。

第2章 有机化合物的性质实验

实验1 烃及卤代烃的化学性质

【实验目的与要求】

1. 熟悉烃及卤代烃的化学性质；
2. 掌握饱和烃和不饱和烃的鉴定方法；
3. 掌握不同类型卤代烃的鉴定方法。

【实验原理】

烷烃为饱和烃，分子中只有C—C和C—H键，这两种共价键均为结合比较牢固的σ键，所以烷烃的化学性质比较稳定，一般条件下和氧化剂、还原剂、强酸、强碱均不反应，但在漫射光的照射下能够和卤素发生取代反应生成一系列的卤代烃。

烯烃中含有碳碳双键，双键中π键的稳定性比σ键差，容易发生加成反应和氧化反应。

炔烃中含有碳碳叁键，除了具有一般不饱和烃容易发生加成反应和氧化反应的性质外，乙炔和R—C≡CH型炔烃中的炔氢可以被金属取代生成炔化物。

芳香烃中最简单的化合物为苯，由于苯环特殊的大π结构使得其有别于不饱和烃而显示其特有的性质，即苯环具有一定的稳定性，不容易开环，比较容易发生取代反应，不容易发生加成反应和氧化反应，该性质称为芳香性。含有α-H的烃基苯，由于烃基与苯环的相互影响，其性质发生了改变，可以发生氧化反应，侧链的烃基被氧化成羧基。烃基苯的取代反应因条件不同而发生在不同的部位，FeX_3催化下，取代反应发生在苯环上，光照下取代反应发生在侧链上。

卤代烃的官能团是卤素，容易发生亲核取代反应，其中和硝酸银的醇溶液反应生成硝酸酯，同时伴有卤化银沉淀生成，所以根据卤化银沉淀生生成的快慢可以鉴别不同类型的卤代烃：烯丙式卤代烃、苄卤、三级卤代烃和碘代烃在室温下能和硝酸银的乙醇溶液迅速反应，生成AgX沉淀，一级、二级卤代烷一般要在加热时才能反应，乙烯式卤代烃和卤苯即使在加热时也不反应。

【仪器、试剂与材料】

1. 仪器：试管，恒压漏斗，酒精灯。

2. 试剂和材料：液体石蜡，松节油，3%溴的四氯化碳溶液，0.1%高锰酸钾溶液，20%硫酸溶液，10%氢氧化钠溶液，2%硝酸银溶液，2%氨水，电石，细沙，饱和硫酸铜溶液，饱和食盐水，苯，甲苯，液溴，铁粉，饱和硝酸银的乙醇溶液，1-溴丁烷，2-溴丁烷，2-甲基-2-溴丙烷，溴化苄，溴苯，1-氯丁烷，1-碘丁烷，15%碘化钠的丙酮溶液。

【实验步骤】

1. 脂肪烃的性质

(1) 溴代反应

取两支试管，分别加入 1mL 的液体石蜡和松节油[注1]，再加入 3%的溴的四氯化碳溶液 5 滴，振动后静置，观察现象。

将颜色没有变化的一支试管用软木塞塞紧后，置于阳光（或日光灯）下照射 30min 后观察现象。

(2) 与高锰酸钾的反应

取两支试管，分别加入 1mL 的液体石蜡和松节油，再加入 0.1%的高锰酸钾溶液 5 滴，20%的硫酸溶液 2 滴，振荡试管，观察现象。

(3) 炔化物的生成

在一支试管中加入 2mL 2%的硝酸银溶液，滴入 1 滴 10%的氢氧化钠溶液，试管中立刻产生褐色沉淀，向沉淀中滴加 2%的氨水，一边滴加，一边振荡至沉淀恰好消失，得银氨溶液（即 Tollen 试剂）[注2]，向溶液中通入乙炔气体[注3]，观察现象[注4]。

2. 芳香烃的性质

(1) 溴代反应

取两支试管，分别加入 1mL 苯和甲苯溶液，向每支试管中各加入 0.5mL 3%的 Br_2 的 CCl_4 溶液，振荡后放置在阳光下直射 20min，观察现象。

取两支试管，分别加入 1mL 苯和甲苯溶液，向每支试管中各加入 0.5mL 液溴，并加入 0.1g 铁粉，振摇后放在水浴中温热，观察现象。反应后，将反应液倒入盛有 10mL 水的小烧杯中，振荡后静置几分钟，观察现象。

(2) 与高锰酸钾的反应

取两支试管，分别加入 1mL 的苯和甲苯溶液，再加入 0.1%的高锰酸钾溶液 5 滴，20%的硫酸溶液 2 滴，振荡试管，观察现象。

3. 卤代烃的性质

(1) 与硝酸银的醇溶液反应

取三支试管，各加入饱和硝酸银的乙醇溶液[注5] 1mL，然后分别加入 2～3 滴 1-溴丁烷、2-溴丁烷、2-甲基-2-溴丙烷，振摇后观察有无沉淀生成以及沉淀生成的先后顺序。10min 后仍无沉淀者，放水浴上加热煮沸 10min 后，再观察现象。根据现象排出 1-溴丁烷、2-溴丁烷、2-甲基-2-溴丙烷的反应活性顺序。

以溴化苄、1-溴丁烷、溴苯重复上述实验，根据现象排出溴化苄、1-溴丁烷、溴苯的反应活性顺序。

以 1-氯丁烷、1-溴丁烷、1-碘丁烷重复上述实验，根据现象排列 1-氯丁烷、1-溴丁烷、1-碘丁烷的反应活性顺序。

(2) 与碘化钠的丙酮溶液反应

取五支试管各加入 15%的碘化钠的丙酮溶液 2mL，然后分别加入 2 滴 1-溴丁烷、1-氯丁烷、2-溴丁烷、2-甲基-2-溴丙烷、溴苯，记录沉淀生成的时间。如 10min 后仍无沉淀，可以将试管置于50℃水浴中加热数分钟，再移离水浴，观察现象。根据现象排出1-溴丁烷、2-溴丁烷、2-甲基-2-溴丙烷的反应活性顺序。

【实验结果与数据处理】

实验步骤	实验现象	化学方程式及解释或结论

【实验注意事项】

1. 液体石蜡是18～24个碳原子的液体烷烃的混合物。松节油是环烯烃的混合物，如果没有松节油可以用环己烯取代。

2. Tollen试剂长时间放置会产生爆炸性黑色沉淀物AgN_3，所以实验时应当场配制使用。

3. 乙炔的制备方法

反应式 $CaC_2+2H_2O \longrightarrow C_2H_2+Ca(OH)_2$

在125mL蒸馏烧瓶的底部铺上一层干净的细沙，沿瓶壁小心放入小块电石(CaC_2)8g，在烧瓶口装上一只恒压漏斗（恒压漏斗的作用：当烧瓶内产生大量气体时，烧瓶和滴液漏斗内的气压仍可以保持平衡，使得漏斗内液体顺畅滴入），洗气瓶中装入饱和硫酸铜溶液（其作用是除去混杂在乙炔气体中的H_2S、PH_3和AsH_3，这些杂质会和硝酸银反应生成黑色Ag_2S沉淀而影响实验结果），恒压漏斗内装有饱和食盐水20mL（饱和食盐水的作用：控制电石和水的反应速率，使得乙炔气流平稳、均匀而持久地产生）。反应时，小心旋开漏斗的活塞，慢慢滴入饱和食盐水（装置如左图）。

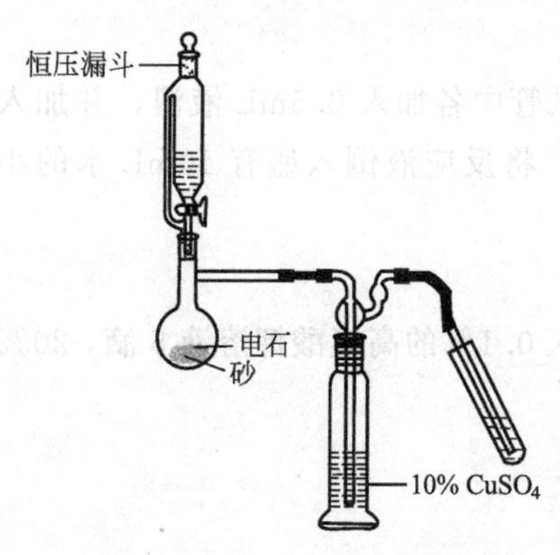

4. 反应产生的乙炔银沉淀在干燥状态下有爆炸性，实验完毕后，该沉淀不得倒入废液缸内。滤取沉淀，加2mL稀硝酸微热，使之分解后倒入指定缸中。

5. 卤代烃溶于乙醇而不溶于水，为了使反应在均相中进行，在这里使用乙醇作溶剂。

【思考题】

1. 设计实验鉴别丙烷、丙烯和丙炔。

2. 比较伯卤代烃、仲卤代烃、叔卤代烃与硝酸银的乙醇溶液的反应活性及与碘化钠丙酮溶液的反应活性，并解释为什么它们的活性顺序正好相反。

【e网链接】

http: //yjhx. taru. edu. cn/info/13956/255730. htn

实验2 醇、酚、醚的性质

【实验目的与要求】

1. 进一步认识醇酚醚的性质；

2. 比较醇和酚之间化学性质的差异，掌握醇和酚的鉴别方法；

3. 了解乙醚中过氧化物的检验方法。

【实验原理】

醇酚醚都是烃的含氧衍生物，而且碳原子和氧原子之间以单键相连，但它们是不同类的有机化合物，具有不同的性质。

1. 醇的性质

醇的官能团是—OH，化学性质由—OH决定，主要表现在O—H键、C—O键和C—H键上，所以醇的化学性质可分为以下三类。

```
     H               H               H
     |               |              -+-
R—C—O┼H       R—C┼OH        R—C—OH
     |               |               |
     H               H               H
   第一类          第二类          第三类
```

第一类：醇的酸性。醇羟基中的氢原子能被金属钠还原放出氢气。

第二类：羟基的取代反应。

$$ROH + HX \longrightarrow RX + H_2O$$

反应速率和HX及醇的结构有关，氢卤酸的活性次序是HI＞HBr＞HCl。醇的活性次序是烯丙型醇＞3°醇＞2°＞1°醇。与浓HCl作用时，必须有氯化锌存在并加热才能产生氯代烃，所以用氯化锌和浓盐酸所配置的卢卡斯试剂可以区别一级醇、二级醇、三级醇。一级醇在常温下与卢卡斯试剂不反应；二级醇反应较慢，静置片刻后溶液变浑浊，然后分层；烯丙型醇和三级醇与卢卡斯试剂很快反应，溶液立即浑浊并分层。

第三类：醇的氧化反应。由于羟基的影响，使得醇的α-H较活泼，容易被氧化。

多元醇除了具有醇的通性外，还具有其特性，羟基相邻的多元醇与新制的氢氧化铜作用，生成深蓝色的配合物溶液。

2. 酚的性质

酚和醇具有相同的官能团—OH，它们具有相似的化学性质，但由于酚中—OH直接和苯环相连，羟基中氧原子上的孤对电子与苯环的大π键形成p-π共轭体系，使得氧原子上的电子云密度下降，苯环邻对位上的电子云密度增加。氧原子上的电子云密度下降，使得氧原子对氢的束缚力下降，酚的酸性增加，酚比醇的酸性强，表现在酚可以溶解在氢氧化钠溶液中。但苯酚仍属于弱酸，酸性比碳酸弱，二氧化碳通入酚盐的溶液中，可以析出苯酚。氧原子上电子云密度下降的同时，苯环上的电子云密度增加，使得苯酚中的苯环更容易发生亲电取代反应，例如，苯酚比苯更容易发生溴代反应、硝化反应、磺化反应等。

3. 醚的性质

醚的化学性质比较稳定，由于醚分子中氧原子具有孤对电子，所以醚容易接受强酸中的质子形成𨦡盐，该盐可以溶于过量的浓酸中，加水稀释后又分解成原来的酸和醚，利用这个性质可以分离或除去卤化物中的醚类。许多醚在空气中会和氧气反应，生成不易挥发的有机过氧化物，该过氧化物是不稳定的，加热时容易分解而发生强烈的爆炸，所以蒸馏乙醚前必须检验过氧化物的存在，如果有必须除去。

【仪器、试剂与材料】

1. 仪器：试管，烧杯，酒精灯，镊子。

2. 试剂和材料：无水乙醇，正丁醇，金属钠，酚酞，Lucas 试剂，仲丁醇，叔丁醇，苄醇，5%重铬酸钾溶液，20%硫酸溶液，10%硫酸铜溶液，5%氢氧化钠溶液，乙二醇，甘油，饱和溴水，乙醚，苯甲醚，苯酚，对甲苯酚，对苯二酚，α-萘酚，1%三氯化铁溶液，5%碳酸钠溶液，0.5%高锰酸钾溶液，浓硫酸，2%碘化钾溶液，1% KSCN 溶液，2%的 $(NH_4)_2Fe(SO_4)_2$ 溶液。

【实验步骤】

1. 醇的性质

(1) 醇钠的生成

取两支干燥的试管，分别加入 1mL 无水乙醇和 1mL 正丁醇，再投入绿豆大小的金属钠[注1]，观察现象，注意反应时是否有气体生成以及两者反应速率的差异。

当乙醇与钠完全反应后（钠完全消失），将试管中的液体倒在表面皿上，在沸水浴中蒸发至干。将固体移入一小烧杯中，然后向烧杯中加入适量的蒸馏水，观察固体是否溶解，往水溶液中滴加 2 滴酚酞试剂，观察现象。

(2) 醇与卢卡斯（Lucas）试剂的作用

取四支干燥的试管，分别加入 2mL Lucas 试剂，然后向四支试管中分别加入 0.5mL 的正丁醇、仲丁醇、叔丁醇和苄醇[注2]，立刻用塞子塞住试管，振摇后放入 25～30℃的水浴中静置，观察现象，记录四支试管中混合物变浑浊并分层的时间。排列正丁醇、仲丁醇、叔丁醇、苄醇和 Lucas 试剂的反应活性。

(3) 醇的氧化

取三支干燥的试管，各加入 5% $K_2Cr_2O_7$ 溶液和 20%的硫酸溶液 1mL，向三支试管中分别加入正丁醇、仲丁醇、叔丁醇各 5 滴，振荡后观察现象。无现象的再放在水浴中微热数分钟，再观察现象。

(4) 多元醇的 $Cu(OH)_2$ 试验

取 10%的硫酸铜溶液 2mL 于一试管中，滴加 5%的氢氧化钠至沉淀全部析出，倾出上层清液后，向试管中加 2mL 水，振摇成悬浮液，立刻等分三份，分别滴加 2～3 滴乙醇、乙二醇和甘油，观察现象。

2. 酚的性质

(1) 酚的酸性

在一支试管中加入 1mL 蒸馏水和少许苯酚的晶粒[注3]，振摇，观察固体是否溶解，加热后再观察现象。然后冷却，观察试管中液体的变化情况。滴加 5%的 NaOH 溶液，观察现象。再通入 CO_2 气体，继续观察现象有何变化。解释或写出各步反应的方程式。

(2) 酚的检验

① 和溴水的反应。取两支试管，一支滴入苯酚饱和水溶液 5 滴，用水稀释至 2mL，另一支加入苯甲醚 2mL，向两支试管中取逐滴加入饱和溴水，边滴加边振荡，观察现象[注4]。

② $FeCl_3$ 的显色反应[注5]。取四支试管，分别加入苯酚、对甲苯酚、对苯二酚、α-萘酚溶液（大约 0.1g 晶体加 1mL 水，不溶者加热使之溶解），滴加新配制的 1% $FeCl_3$ 溶液[注6]，观察各试管中显示的颜色，并记录下来[注7]。

（3）酚的氧化

取苯酚的饱和溶液 2mL 置于试管中，加 5%碳酸钠溶液 0.5mL 及 0.5%高锰酸钾溶液 1mL，边滴加边震荡试管，注意观察现象。

3. 醚的性质

（1）锌盐的生成

在试管中加入乙醚 1mL，浸入冰水中冷至 0℃，慢慢滴加预先冰冷的浓硫酸 1mL，边滴加边振荡，观察液体是否分层。

将试管内的液体慢慢倒入 5mL 的冰水里，观察现象。

（2）乙醚中过氧化物的检验

① 取一支试管加入 2% KI 溶液，稀盐酸 3 滴，淀粉溶液 5 滴，然后加入 1mL 工业乙醚，用力振摇，观察颜色变化，如果溶液呈蓝色，即证明乙醚中有过氧化物存在。

② 取一支试管加入 1% KSCN 5 滴和新制的 2%的 $(NH_4)_2Fe(SO_4)_2$ 溶液，再加入 1mL 工业乙醚，用力振摇，观察现象。如果溶液变成血红色，即证明乙醚中有过氧化物存在。

【实验结果与数据处理】

实验步骤	实验现象	化学方程式及解释或结论

【实验注意事项】

[1] 取金属钠时要注意：① 用镊子，不可用手取；② 用滤纸吸干金属钠表面的煤油，用小刀切除钠表面的氧化膜，再切成绿豆大一块供实验用；③ 切下的外皮和剩下的钠放回原瓶，绝对不可抛入水槽或废液缸内；④ 如果反应停止后，还有残余的钠没有反应完，应先用镊子将钠取出然后放在酒精中破坏。

[2] Lucas 试剂可以用于鉴别不同的醇，适用范围是 C_3～C_6 醇，因为 C_1～C_2 醇反应后生成的氯代烷是气体，而 C_6 以上的醇不溶于 Lucas 试剂。

[3] 苯酚对皮肤有很强的腐蚀性，应避免沾到皮肤上，如不慎沾上，先用大量水冲洗，再用酒精擦洗至沾及部位不成白色，涂上甘油。

[4] 苯酚与溴水很快发生溴代反应，生成白色沉淀 2,4,6-三溴苯酚，当溴水过量时，

2,4,6-三溴苯酚能被过量的溴水氧化成淡黄色的难溶于水的四溴化物，所以反应时要注意溴水的用量。

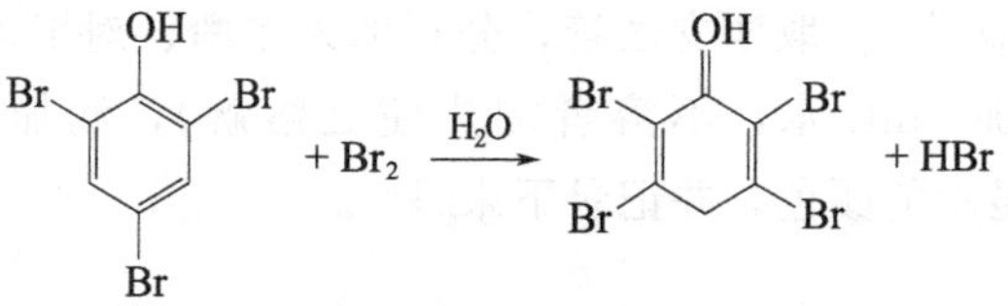

$$\text{(OH, Br, Br, Br)} + Br_2 \xrightarrow{H_2O} \text{(OH, Br, Br, Br, Br)} + HBr$$

[5] $FeCl_3$ 的显色反应，不只是酚类的特征反应，凡具有稳定烯醇式结构的有机物均有此反应，例如：乙酰乙酸乙酯有 $FeCl_3$ 的显色反应。

[6] 将三氯化铁溶于浓盐酸中，然后稀释至所需要的浓度，这里防止三氯化铁水解是很关键的，一旦水解，其产物通常是一些难溶性的多聚氢氧化物。

[7] 各类酚与三氯化铁溶液所显示的颜色：

苯酚	蓝紫色	间苯二酚	蓝紫色
对甲苯酚	蓝色	1，2，3-苯三酚	淡棕红色
间甲苯酚	蓝紫色	1，3，5-苯三酚	紫色
邻苯二酚	深绿色	α-萘酚	紫红色
对苯二酚	暗绿色	β-萘酚	绿色

【思考题】

1. 用三种方法鉴别苄醇和苯酚。

2. 用 Lucas 试剂鉴别伯醇、仲醇、叔醇试验成功的关键是什么？指出该方法的适用范围。

3. 酚的三氯化铁显色反应试验成功的关键是什么？1%$FeCl_3$ 溶液如何配制？

【e 网链接】

http：//www. docin. com/p-580218548. html

实验 3　醛和酮的化学性质

【实验目的与要求】

1. 了解醛和酮的化学性质；

2. 掌握鉴别醛和酮的化学方法；

3. 熟悉有机化学性质实验的基本操作。

【实验原理】

醛类和酮类化合物都具有羰基官能团，因而它们有相似的化学性质。它们能与 2，4-二硝基苯肼、羟胺、氨基脲、亚硫酸氢钠等许多试剂发生作用。结构不同的醛或酮与 2，4-二硝基苯肼反应可生成黄色、橙色或橙红色的 2，4-二硝基苯腙沉淀。因为该沉淀是具有一定熔点、不同颜色的晶体，所以该反应可以用于区别醛、酮。醛、脂肪族甲基酮和低级环酮（环内碳原子在 8 个以下）能与饱和亚硫酸氢钠溶液，生成不溶于饱和亚硫酸氢钠溶液的加成产物，该加成产物能溶于水，当与稀酸或稀碱共热时又可得到原来的醛、酮，因此可用以区别和提纯醛、酮。

碘仿反应是区别甲基酮等的简单易行的方法。乙醛和甲基酮及某些（具有 $\underset{\displaystyle OH}{CH_3-\underset{|}{CH}-}$ 结构的）醇都能与次碘酸钠反应，生成亮黄色有特殊气味的碘仿沉淀。

本实验侧重于介绍醛和酮的亲核加成反应、定性区别醛和酮的反应以及 α-H 的活泼性反应。

【仪器、试剂与材料】

1. 仪器：小试管，烧杯，恒温水浴锅，蒸发皿。

2. 试剂和材料：乙醛，丙酮，苯甲醛，环己酮，亚硫酸氢钠饱和溶液，10%碳酸钠溶液，5%稀盐酸，2,4-二硝基苯肼，酒精，浓氨水，硝酸银，氢氧化钠，结晶硫酸铜，酒石酸钠，浓硫酸，铬酸，碘化钾，碘。

【实验步骤】

1. 亲核加成反应

(1) 与亚硫酸氢钠的加成

取 4 支小试管，各加入 1mL 饱和亚硫酸氢钠溶液[注1]，再分别加入 3～4 滴乙醛、丙酮、苯甲醛、环己酮，用力摇匀，置冰水中冷却，观察有无沉淀析出，比较其析出的相对速度，并给以解释。写出相关的化学反应方程式。

另取几支试管，分为两组。分别加少量上面反应后产生的晶体，写好相应的编号，再做以下实验。

① 在每支试管中各加 2mL 10%碳酸钠溶液，用力振荡试管，放在低于 50℃的水浴中加热，继续不断摇动试管，注意观察现象。

② 在每支试管中各加 2mL 5%稀盐酸，如上操作，观察又有何现象。

(2) 与 2,4-二硝基苯肼的加成

取 4 支小试管，各加入 1mL 2,4-二硝基苯肼试剂[注2]，再分别加入 2～3 滴乙醛、丙酮、苯甲醛、环己酮（可加入 2 滴酒精以促溶解），振荡后静置片刻。若无沉淀析出可微热 0.5min，再振荡，冷却后有橘黄色或橘红色沉淀生成[注3]。写出有关反应方程式。

(3) 乌洛托品（Urotropine）的生成及分解[注4]

取一洁净的蒸发皿，加入 2mL 37%甲醛水溶液与等量的浓氨水，混合均匀。在通风橱内将混合液置沸水浴中加热蒸干，即得白色晶体状的乌洛托品粗制品。

取粗品少许，加到试管中，滴入 1mL 5%稀硫酸，振荡试管并加热煮沸，闻一闻是何气味？待溶液冷却后，滴入 20%氢氧化钠溶液，直至溶液呈碱性，煮沸，检验有无氨气放出。说明原因。

2. 区别醛和酮的化学性质

(1) Tollen 试验[注5]

取 3 支洁净的试管，各加入 2mL 自配的 Tollen 试剂，然后分别加入 3～4 滴 37%的甲醛水溶液、乙醛、丙酮。将试管放在 50℃左右的水浴中加热数分钟[注6]，观察现象，写出有关的化学反应方程式。

(2) Fehling 试验

取 4 支试管，分别加入 Fehling 试剂（A）和（B）[注7]各 0.5mL，混合均匀。然后分别加入 2～4 滴 37%甲醛水溶液、乙醛、苯甲醛、丙酮，在沸水浴中加热 3～5min，观察现象并说明原因。

(3) Schiff′s 试验[注8]

取 3 支试管，分别加入 1mL Schiff′s 试剂，然后加入 2 滴 37%甲醛水溶液、乙醛、丙酮，放置数分钟，观察颜色变化。滴加 5%硫酸溶液，颜色又有何变化？

(4) 铬酸试验[注9]

取 3 支试管，分别加入 1mL 经过纯化的丙酮[注10]，滴入 1～2 滴乙醛、苯甲醛、环己酮。振荡试管，然后滴入数滴铬酸试剂，边滴边振荡，注意试管里橘红色的变化情况。

3. 碘仿试验

取 3 支试管，各加入 2～3 滴碘溶液[注11]，然后分别加入 2～3 滴乙醛、丙酮、乙醇，再滴入 10%的氢氧化钠溶液，振荡试管，至碘的棕色近乎消失。若不出现沉淀，可在温水浴中加热 5min 冷却后观察现象，比较结果。本实验约需 4h。

【实验结果与数据处理】

实验步骤	实验现象	化学方程式及解释或结论

【实验注意事项】

[1] 饱和亚硫酸氢钠溶液的配制：首先配制 40%亚硫酸氢钠水溶液。取 100mL 40%亚硫酸氢钠溶液，加 25mL 不含醛的无水乙醇，将少量结晶过滤，得澄清溶液。此溶液易被氧化或分解，配制好后密封放置，但不宜太久，最好是用时新配。

[2] 2,4-二硝基苯肼试剂的配制：在 15mL 浓硫酸中，溶解 3g 2,4-二硝基苯肼，另在 70mL 95%的乙醇中加入 20mL 水。然后把硫酸苯肼倒入稀乙醇溶液中，混合均匀，必要时过滤备用。

[3] 沉淀的颜色与醛、酮分子的共轭键有关。醛、酮的分子中如果羰基不与其他结构或官能团形成共轭链时，将产生黄色的 2,4-二硝基苯腙；当羰基与双键或苯环形成共轭链时，生成橙红色沉淀。然而，试剂本身是橙红色的，因此，判断时要特别注意。

[4] 乌洛托品（六亚甲基四胺）由甲醛和氨缩合而成：

$$NH_3 + H_2C{=}O \rightleftharpoons \left[H_2C\begin{matrix} OH \\ NH_2 \end{matrix} \right] \underset{}{\overset{-H_2O}{\rightleftharpoons}} H_2C{=}NH$$

$$3\,H_2C{=}NH \rightleftharpoons \text{(HN-CH}_2\text{-NH-CH}_2\text{-NH-CH}_2\text{ 环)} \overset{3\,H_2C{=}NH}{\rightleftharpoons} \text{(六亚甲基四胺)} + H_2O$$

反应是可逆的，在蒸除水的条件下，反应趋于完成。当其与稀酸共热时即被分解：

$$(CH_2)_6N_4+2H_2SO_4+6H_2O \longrightarrow 6HCH{=}O\uparrow+2(NH_4)_2SO_4$$

[5] Tollen 试剂的配制：在洁净的试管中加入 4mL 5%硝酸银溶液、2 滴 5%氢氧化钠溶液，再慢慢滴加 2%的氨水，边加边振荡，直至生成的沉淀刚好溶解为止，即得 Tollen 试剂。

[6] Tollen 试验的成败与试管是否洁净有关。若试管不洁净，易出现黑色絮状沉淀。解决的办法是实验前将试管依次用硝酸、水和 10%氢氧化钠溶液洗涤，再用大量水冲洗。试验过程中，加热不宜太久，更不能在火焰上直接加热，否则试剂会受热分解成易爆炸的物质。

[7] Fehling 试剂的配制。① Fehling 试剂（A）：溶解 34.6g 结晶硫酸铜（$CuSO_4\cdot5H_2O$）于 500mL 水中，必要时过滤；② Fehling 试剂（B）：将 173g 酒石酸钾钠、70g 氢氧化钠溶于 500mL 水中。两种试液要分别保存，使用时取等量混合。其中酒石酸钾钠的作用是与氢氧化铜形成配合物，避免析出氢氧化铜沉淀。另一方面也可使醛与铜离子平稳地进行反应。

[8] Schiff's 试剂的配制：将 0.2g 品红盐酸盐溶于 100mL 热的蒸馏水中，冷却后，加入 2g 亚硫酸氢钠和 2mL 浓盐酸，再用蒸馏水稀释至 200mL。Schiff's 试剂与醛作用后呈现紫红色。反应过程中不能加热，且必须在弱酸性溶液中进行，否则无色 Schiff's 试剂分解后呈现桃红色。

[9] 铬酸试剂的配制：将 20g 三氧化铬（CrO_3）加到 20mL 浓硫酸中，搅拌成均匀糊状。然后，将糊状物小心地倒入 60mL 蒸馏水中，搅拌成橘红色澄清溶液。

铬酸试验是区别醛、酮的较好方法（醇也呈阳性反应）。脂肪醛、伯醇、仲醇与铬酸试剂 5 s 内呈阳性反应，芳香醛需 30～90s，叔醇和酮数分钟内都无明显变化。

[10] 市售丙酮常含有醛或醇，醛或醇的存在会影响铬酸试验，为此必须作如下处理：将 100mL 丙酮加到分液漏斗中，加入 10%硝酸溶液 4mL 及 10%氢氧化钠溶液 3.6mL，振摇 10min。蒸馏收集 55～56.5℃馏分，即得纯化丙酮。

[11] 碘溶液的配制：将 25g 碘化钾溶于 100mL 蒸馏水中，再加入 12.5g 碘，搅拌使碘溶解。

【思考题】

1. 在做亚硫酸氢钠试验时，为什么亚硫酸氢钠溶液要饱和的？又为什么要新配制？

2. 有一位同学做了两次 Tollen 试验。实验时，既没有按操作进行，也没有做好记录。结果两次实验的现象是：

(1) 所有试验的反应都很难有银镜生成；

(2) 丙酮也出现了银镜，而丙酮是化学纯的。分析一下产生这些现象的原因。

3. 总结醛、酮的鉴别方法并加以比较。

【e 网链接】

1. http://wenku.baidu.com/link?url=P0sT8kRjF2UTwsxoifrwXKEpAZVzjFALoCYgifeYS1MhiygpCEs859ClqWodpJ5nve5E3F1VBpxoyvxcqYWmfQe6aFjIPCTbb4z_yJUev0i

2. http://wenku.baidu.com/view/a0eddb916bec0975f465e2b1.html

3. http://wenku.baidu.com/view/e0f5d168561252d380eb6elb.html

实验4 羧酸及其衍生物的性质

【实验目的与要求】

1. 进一步认识羧酸及其衍生物的结构和性质；
2. 掌握羧酸及其衍生物的鉴别方法；
3. 掌握用诱导效应和共轭效应解释羧酸及其衍生物的性质特点。

【实验原理】

羧酸是含有羧基的化合物，其官能团为羧基。羧基从结构上看，是羰基和羟基的结合，似乎羧酸应该表现出醛、酮和醇的性质。实际上，羟基和羰基之间存在相互影响，尤其是两者之间的 p-π 共轭效应，使得羰基失去了其本身典型的特性（例如羧酸与羟胺等亲核试剂不能发生作用），使羟基氧原子上的电子云向羰基端偏移，进而使得 O—H 之间的电子云更偏向于氧原子，有利于羧基氢的离解，使得羧酸具有酸性，而且这种酸性比碳酸和醇的酸性强。

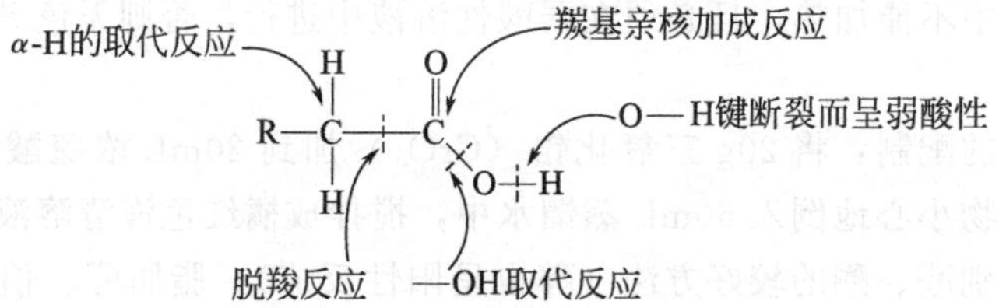

α-H的取代反应
羰基亲核加成反应
O—H键断裂而呈弱酸性
脱羧反应
OH取代反应

某些羧酸由于其结构的特殊性，还表现出许多特殊的化学性质，例如最简单的羧酸甲酸可以被高锰酸钾氧化，二元羧酸草酸在加热的情况下会发生脱羧反应。利用这些特殊的性质，可以鉴别这些典型的羧酸。

羧酸衍生物主要是指酯、酰氯、酸酐、酰胺类化合物，它们均可以发生水解、醇解和胺解反应，生成酸、酯和酰胺，而副产物有所不同。由于酰基上连接基团的不同，使得羧酸衍生物的反应活性也各不相同。以水解反应为例，按照发生水解反应难易程度由易到难顺序依次是：酰卤＞酸酐＞酯＞酰胺。

乙酰乙酸乙酯由于其结构的特殊性，在羧酸衍生物性质的研究中具有极其重要的研究价值。乙酰乙酸乙酯结构上看是由一个乙酰基取代了乙酸乙酯的 α-H，因此其除了具有酯的性质以外，由于乙酰基的存在，使得乙酰乙酸乙酯还具备酮的性质（例如可以和饱和的亚硫酸氢钠作用），而且它还与烯醇式存在互变异构，由于 π-π 共轭效应，其烯醇式稳定性较高，所以它还具有烯醇的性质特点（如可以和三氯化铁溶液发生显色反应）。

【仪器、试剂与材料】

1. 仪器：试管，烧杯，酒精灯，试管夹，试管架，铁架台，玻璃棒。

2. 试剂和材料：甲酸，乙酸，草酸，苯甲酸，无水乙醇，冰醋酸，浓硫酸，饱和 Na_2CO_3 溶液，0.5% $KMnO_4$ 溶液，石灰水，乙酰氯，5% $AgNO_3$ 溶液，乙酸酐，乙酸乙酯，30% NaOH 溶液，饱和 NaCl 溶液，苯胺，10% NaOH 溶液，2,4-二硝基苯肼，乙酰乙酸乙酯，1% $FeCl_3$ 溶液，饱和溴水，刚果红试纸。

【实验步骤】

1. 羧酸的性质

(1) 羧酸的酸性

取两支干燥的试管，各加入 0.2g 草酸和 10mL 水，分别滴加 10 滴甲酸、乙酸，然后用洁净的玻璃棒分别蘸取相应的酸液，在同一条刚果红试纸[注1]上画线，比较各线条的颜色和深浅程度，并说明原因。

(2) 成盐反应

取 0.2g 苯甲酸固体放入盛有 1mL 水的洁净试管中，加入 10%的氢氧化钠溶液数滴，振荡并观察现象，接着再滴加数滴 10%的盐酸，振荡并观察所发生的变化。

(3) 脱羧反应

在装有导气管的干燥硬质大试管中，加入 1g 草酸，将试管稍微倾斜固定在铁架台上，加热，将导气管插入盛有石灰水的小试管中，观察石灰水的现象。

(4) 氧化反应

在 3 支洁净的小试管中分别放置 0.5mL 甲酸、乙酸以及由 0.2g 草酸和 1mL 水所配成的溶液，然后分别加入 1mL 稀硫酸（1∶5）和 2～3mL 0.5% 高锰酸钾溶液，加热至沸腾，观察现象，比较反应速率并说明原因。

(5) 成酯反应

在 1 支干燥洁净的试管中加入 1mL 无水乙醇和 1mL 冰醋酸，混合均匀后，再缓缓加入 0.2mL 浓硫酸，振荡均匀后将其浸在 60～70℃的热水浴中加热约 10min。然后将试管浸入冷水中冷却，最后向试管内再加入 5mL 水。这时试管中有酯层析出并浮于液面上，注意所生成的酯的气味。

2. 羧酸衍生物的性质

(1) 水解反应

① 酰氯的水解。在 1 支洁净的试管中，加入 2mL 蒸馏水，再加入数滴乙酸酐[注2]，观察现象。反应结束后在溶液中滴加数滴 2%的硝酸银溶液，观察现象，并分析原因。

② 酸酐的水解。在 1 支洁净的试管中，加入 1mL 蒸馏水，再加入数滴乙酰氯，观察现象。

③ 酯的水解。取 3 支洁净的试管，各加入 5mL 水和 5 滴乙酸乙酯，在第二支试管中加入 3 滴 30% NaOH 溶液，在第三支试管中加入 3 滴浓硫酸。振摇试管，并放在 70℃的水浴中加热 5～10min，观察比较三支试管中的现象并闻其气味，试分析原因。

(2) 醇解反应

① 酰氯的醇解。在一干燥的小试管中放入 1mL 无水乙醇，慢慢滴加 1mL 乙酰氯，同时用冷水冷却试管并不断振荡，2～3min 后，再加入 1mL 饱和氯化钠溶液，观察现象并闻其气味。

② 酸酐的醇解。在一干燥的小试管中放入 1mL 无水乙醇和 1mL 乙酸酐，振摇使其混合均匀后，于水浴中加热 5～6min 后，加入 1mL 饱和氯化钠溶液，再加入 2～3 滴 10%氢氧化钠溶液，观察现象并闻其气味。

(3) 氨解反应

① 酰氯的氨解。在一干燥的小试管中加入 5 滴新蒸馏过的淡黄色苯胺，然后慢慢滴加 8 滴乙酰氯，待反应结束后再加入 5mL 水并用玻璃棒搅匀，观察现象。

② 酸酐的氨解。在一干燥的小试管中加入 5 滴新蒸馏过的淡黄色苯胺，然后慢慢滴加 8 滴乙酸酐，于水浴中加热 5～10min，待反应结束后再加入 5mL 水并用玻璃棒搅匀，观察现象。

(4) 乙酰乙酸乙酯[注3]的反应

① 和三氯化铁溶液及饱和溴水的反应。在 1 支洁净的试管中加入 2mL 水，滴加 3～4 滴乙酰乙酸乙酯，充分振摇试管，滴加 2～3 滴 1%三氯化铁溶液，观察溶液颜色变化。再滴加 3～4 滴饱和溴水，观察溶液颜色变化，放置 3～4min 以后，再观察颜色变化并分析原因。

② 和 2,4-二硝基苯肼的反应。在 1 支洁净的试管中加入 1mL 2,4-二硝基苯肼，向其中滴加 3～4 滴乙酰乙酸乙酯，充分振摇试管，观察现象并分析原因。

【实验结果与数据处理】

实验步骤	实验现象	化学方程式及解释或结论

【实验注意事项】

[1] 刚果红常用作酸性物质的指示剂，其 pH 变色范围为：3(蓝色)～5(红色)。刚果红与弱酸作用显示蓝紫色，与强酸作用显示稳定的蓝色，遇到碱性溶液显示红色。

刚果红试纸的制作：取 0.2g 刚果红试剂溶于 100mL 去离子水中，得刚果红溶液，然后把滤纸放在刚果红溶液中浸湿，将浸湿透的滤纸取出晾干，裁成长 70mm，宽 10mm 的纸条，即可用作刚果红试纸，该试纸呈鲜红色。

[2] 乙酰氯常混有 $CH_3COOPCl_2$ 等含磷化合物，放置较久会产生浑浊或析出沉淀，这将影响实验结果的观察。因此，在使用乙酰氯做该性质实验之前，必须观察乙酰氯的颜色状态是否为无色透明状。

[3] 乙酰乙酸乙酯具有酮式和烯醇式两种异构形式，这两种异构形式可以相互转化达到平衡。如果其中一种异构形式由于参与某种反应减少时，则平衡就会向生成该种异构形式的方向移动。例如，在乙酰乙酸乙酯溶液中滴加三氯化铁溶液时发现溶液显紫色，这说明分子中有烯醇式构型。紧接着在此溶液中滴加溴水，则会发现紫色消失，这说明溴水的加入，使得双键和溴发生了加成反应，使得烯醇式结构消失。但是稍等片刻，紫红色又会再次出现，这就说明平衡在向生成烯醇式结构的方向移动。

【思考题】

1. 在成酯反应中，为什么必须控制反应温度在60～70℃？温度过高或者过低会对该反应产生什么影响？

2. 硫酸是酯化反应的催化剂，请问硫酸用量是不是越多越好？硫酸如果过量会对该实验产生什么影响？

3. 比较酰卤、酸酐、酯和酰胺四种羧酸衍生物的反应活性，并说明理由。

【e网链接】

1. http://www.doc88.com/p-314620621204.html

2. http://www.docin.com/p-621373544.html

实验5 胺和酰胺的化学性质

【实验目的与要求】

1. 掌握胺类和酰胺类化合物的化学性质；

2. 掌握胺类和酰胺类化合物的鉴定方法；

3. 掌握脂肪胺和芳香胺的化学性质。

【实验原理】

胺类广泛存在于生物界，具有极其重要的生理活性和生物活性，如蛋白质、核酸、许多激素、抗生素和生物碱等都是胺的复杂衍生物，临床上使用的大多数药物也是胺或者胺的衍生物。胺可以看作是氨分子中的H被取代的衍生物。胺具有碱性，它们可以与酸作用生成盐，其碱性的强弱与氮原子相连的基团空间位阻及电子效应有关。胺根据氮原子上所连基团的数目可以分为伯、仲、叔三种。伯胺、仲胺能与酰氯、酸酐发生酰基化反应，而叔胺的氮原子上没有氢原子，故不起酰基化反应。常常利用它们与苯磺酰氯在氢氧化钠溶液中发生Hinsberg反应来区别和分离三种胺。

根据氮原子上所连基团的种类，胺类化合物可以分为脂肪族胺类与芳香族胺类。可以利用亚硝酸试验来区分，芳香伯胺生成的重氮化物能继续发生偶合反应，脂肪族伯胺则不可以。伯、仲、叔三种胺类化合物与亚硝酸作用，生成不同的产物，故可用来鉴别三种胺类化合物。

芳胺，特别是苯胺，具有某些特殊的化学性质，不仅苯环上可以发生取代反应及氧化反应，其重氮化反应也具有重要的意义。

酰胺既可以看成是氨的衍生物，又可以看成是羧酸的衍生物，羰基与氮原子之间的相互影响使其碱性变得非常弱，所以酰胺一般呈中性。它和羧酸的其他衍生物一样，可以发生水解等反应。

尿素是碳酸的二酰胺化合物，可以与亚硝酸反应放出氮气，还可以发生水解反应。尿素在加热时可以生成缩二脲，与硫酸铜等发生缩二脲反应。

【仪器、试剂与材料】

1. 仪器：水浴锅，试管，胶头滴管，玻璃棒。

2. 试剂和材料：苯胺，浓盐酸，25%亚硝酸溶液，10%亚硝酸钠溶液，β-萘酚，N-甲基苯胺，*N*,*N*-二甲基苯胺，苯磺酰氯，溴水，饱和重铬酸钾溶液，15%硫酸溶液，乙酰胺，10%氢氧化钠溶液，5%氢氧化钠溶液，20%尿素溶液，饱和氢氧化钡溶液，1%硫酸铜溶液，石蕊试纸，淀粉-碘化钾试纸。

【实验步骤】

1. 胺的性质实验

(1) 碱性试验

取1支试管，加入1mL水和2～3滴苯胺，振摇数次，观察苯胺是否可以溶解。然后再加入2～3滴浓盐酸，观察试管内有何变化？最后再逐滴加入10%氢氧化钠溶液，观察又有何现象发生？

(2) 与亚硝酸的反应

① 伯胺的反应。取1支试管，加入3mL水、0.5mL苯胺和2mL浓盐酸，振摇试管并浸入冰水浴中冷却至0～5℃之间，然后逐滴加入25%的亚硝酸溶液，并不时振荡试管，直到混合反应液遇淀粉-碘化钾试纸呈深蓝色为止。即可得到重氮盐溶液。

取此溶液1mL，加热，观察有什么现象发生。并注意是否有苯酚的气味。

另取溶液0.5mL，滴入2滴β-萘酚溶液[注1]，观察有无橙红色沉淀生成。

② 仲胺的反应。取1支试管，滴入5滴*N*-甲基苯胺、1mL水和10滴浓盐酸，振荡试管，并浸入冰水浴中冷至0～5℃之间，然后逐滴加入25%的亚硝酸钠溶液，不断振荡，观察是否有黄色油状物出现。

③ 叔胺的反应。取1支试管，加5滴*N*,*N*-二甲基苯胺和3滴浓盐酸，混合后浸入冰水浴中冷至0～5℃之间，然后逐滴加入25%的亚硝酸钠溶液，振荡，观察现象。

(3) 苯磺酰氯（Hinsberg）试验

取3支试管，分别加入3滴苯胺、*N*-甲基苯胺、*N*,*N*-二甲基苯胺。再向各试管中加入3滴苯磺酰氯，用力摇动试管，手触管底，检查是哪支试管发热？然后加入5mL 5%氢氧化钠溶液，塞住管口，并在水浴中温热至苯磺酰氯的特殊气味消失为止[注2]。按下列现象区分伯、仲、叔胺：

① 溶液中无沉淀或有少量析出，经过滤后，滤液用盐酸酸化后有沉淀析出，则为伯胺；

② 溶液中析出油状物或沉淀，而此油状物或沉淀不溶于酸溶液，则为仲胺；

③ 溶液中有油状物，加数滴浓盐酸酸化后即可溶解，则为叔胺。

(4) 苯胺与饱和溴水的反应

取1支试管，加3mL水和1滴苯胺，振荡。然后逐滴加入饱和溴水，边加边振荡，注意观察实验现象。

(5) 苯胺的氧化

取1支试管，加入3mL水和1滴苯胺，然后滴加2滴饱和重铬酸钾溶液和0.5mL 15%硫酸溶液。振荡试管，静置10min后，观察现象。

2. 酰胺的性质

(1) 碱性水解

取1支试管，加入0.2g乙酰胺，再加入2mL 10%氢氧化钠溶液，用湿润的红色石蕊试纸检验放出的气体。

(2) 酸性水解

取1支试管，加入0.2g乙酰胺，再加入1mL浓盐酸（在冷水冷却下加入）。注意此时试管里的变化。加沸石煮沸1min后冷却至室温，溶液里有何变化？

3. 尿素的反应

（1）尿素的水解

取1支试管，加入1mL 20%尿素水溶液和2mL饱和氢氧化钡溶液。加热，在试管口放一条湿润的红色石蕊试纸。观察加热时溶液的变化和石蕊试纸颜色的变化。放出的气体有何气味？

（2）尿素与亚硝酸的反应

取1支试管，加1mL 20%尿素水溶液和0.5mL 10%亚硝酸钠水溶液，混合均匀，然后逐滴加入10%硫酸溶液，观察现象。

（3）缩二脲反应

在一干燥小试管中，加入0.3g尿素，试管用小火加热，至尿素熔融为止，此时有氨的气味放出（嗅其气味或用湿润的红色石蕊试纸在管口试之），继续加热，试管内的物质逐渐凝固（此即缩二脲）。待试管放冷以后，加热水2mL，并用玻璃棒搅拌。取上层清液于另一支试管中，在此缩二脲溶液中加入1滴10%氢氧化钠溶液和1滴1%硫酸铜溶液，观察溶液颜色的变化。

【实验结果与数据处理】

实验步骤	实验现象	化学方程式及解释或结论

【实验注意事项】

[1] β-萘酚溶液的配制：将10g β-萘酚溶于100mL 5%的氢氧化钠溶液中。

[2] 若苯磺酰氯水解不完全，它与*N*,*N*-二甲基苯胺混溶在一起，这时若加盐酸酸化，则*N*,*N*-二甲基苯胺虽溶解，但苯磺酰氯仍以油状物存在，往往得出错误结论，为此，酸化前必须使苯磺酰氯水解完全。

【思考题】

1. 重氮化反应为何要在强酸性溶液中进行？
2. 淀粉-碘化钾试纸为什么可以指示重氮化反应的终点？
3. 写出利用Hinsberg反应来区别伯胺、仲胺、叔胺的原理？

【e网链接】

1. http://wenku.baidu.com/view/8cbb2deb19e8b8f67c1cb93b.html
2. http://wenku.baidu.com/view/f728f9e2998fcc22bcd10d17.html

实验6　杂环化合物和生物碱的化学性质

【实验目的与要求】

1. 了解杂环化合物及生物碱的化学性质；

2. 掌握吡啶、喹啉和烟碱的主要化学性质；

3. 掌握鉴别杂环化合物及生物碱的主要实验方法。

【实验原理】

杂环化合物是由碳原子和非碳原子共同组成环状骨架结构的一类有机化合物的总称，杂环化合物在自然界分布广泛，其数量几乎占已知有机化合物数量的1/3，用途也很多。许多重要的化学物质如叶绿素、血红素、核酸以及临床应用的一些有显著疗效的天然药物和合成药物等，都含有杂环化合物的基本结构。某些杂环化合物中杂原子上的孤对电子参与共轭效应因此具有芳香性，所以环上能发生亲电取代反应，在一定的条件下也能发生加成反应。吡啶是一种含氮的六元杂环化合物，喹啉是它的重要衍生物，两者都具有芳香性。吡啶环上的亲电取代反应主要发生在β-位，而亲核取代主要发生在α-位和γ-位。由于氮上的孤对电子，使吡啶具有一定的碱性。

生物碱是存在于生物体内的、具有明显生理活性的含氮碱性有机物。生物碱主要存在于植物中，又称植物碱，例如烟碱、咖啡碱、茶碱等。不同的生物碱其碱性大小不同。此外，生物碱在一定条件下还可发生氧化和沉淀反应等。

【仪器、试剂与材料】

1. 仪器：试管，酒精灯，试管夹。

2. 试剂和材料：吡啶，喹啉，烟碱，咖啡碱，1%的三氯化铁溶液，0.5%高锰酸钾溶液，5%碳酸钠溶液，饱和苦味酸溶液，10%没食子鞣酸（单宁酸）酒精溶液，无水乙醇，5%氯化汞溶液，浓盐酸，20%醋酸溶液，碘化钾，石蕊试纸。

【实验步骤】

取4支试管，分别加入1mL喹啉、吡啶、烟碱和0.1g咖啡碱，再分别加入约5mL水，振摇后将此4种溶液按以下步骤分别进行试验。仔细观察现象。

1. 碱性试验

① 各取一滴试液滴在红色石蕊试纸上，观察试纸颜色有何变化？

② 各取0.5mL试液，分别置于4支试管中，各加入1mL 1%的三氯化铁溶液，振摇试管，观察有无氢氧化铁沉淀析出。

2. 氧化反应

取4支试管，分别加入0.5mL试液，然后再各加入0.5mL 0.5%高锰酸钾溶液和5%碳酸钠溶液，振摇后，观察溶液颜色的变化[注1]。把没有变化或变化不大的混合物加热煮沸，观察现象，从结构上加以解释。

3. 沉淀反应

① 取4支试管，分别加入1mL饱和苦味酸溶液后，再分别滴加2滴试液，静置5～

10min，观察是否有沉淀生成。若加入过量的试液，沉淀是否溶解？

② 取4支试管，分别加入2mL 10%没食子鞣酸（单宁酸）的酒精溶液[注2]，再各加入0.5mL试液，振摇，观察有无白色沉淀生成？

③ 取2支试管，分别加0.5mL吡啶、喹啉试液，再各加入同体积的5%氯化汞溶液（小心有毒!），观察是否有松散的白色沉淀生成。加入1～2mL水后，结果怎样？再各加入0.5mL浓盐酸，现象如何？

另取2支试管，分别加入0.5mL烟碱、咖啡碱试液，再各滴入1滴20%醋酸溶液和几滴碘化钾溶液[注3]，观察有无黄色沉淀生成。

【实验结果与数据处理】

实验步骤	实验现象	化学方程式及解释或结论

【实验注意事项】

[1] 吡啶环对亲电试剂稳定，与冷或热的碱性高锰酸钾溶液作用都不褪色。喹啉在同样条件下则可以褪色。

[2] 鞣酸系由五倍子中得到的一种鞣质。为黄色或淡棕色轻质无晶性粉末或鳞片；有特殊微臭味，味极涩。溶于水和乙醇，易溶于甘油，几乎不溶于苯、氯仿或乙醚。其水溶液与铁盐溶液相遇后变蓝黑色，加亚硫酸钠可以延缓变色。

[3] 碘化汞钾试剂的配制：把5% KI溶液逐滴滴入5% $HgCl_2$溶液中，直至起初生成的碘化汞红色沉淀完全溶解为止。

【思考题】

1. 吡啶、喹啉、烟碱为什么均具有碱性？哪一个碱性较强？氯化铁试验说明了什么？
2. 哪些试剂称为生物碱试剂？

【e网链接】

1. http://wenku.baidu.com/view/879affd876a20029bd642d23.html
2. http://wenku.baidu.com/view/8c322ded19e8b8f67c1cb9be.html

第3章 基础合成实验

实验7 环己烯的制备

【实验目的与要求】

1. 掌握以浓磷酸为催化剂，以环己醇为原料制备环己烯的原理及方法；
2. 初步掌握分馏的基本操作技能；
3. 掌握常压蒸馏、分液、干燥等实验操作方法；
4. 掌握有机反应产率的计算方法。

【实验原理】

环己烯是用途广泛的精细化工产品，在制药工业、石油化工、农药中间体等方面有着广泛的应用前景，通常情况下，环己烯的制备是以环己醇为原料，以浓硫酸（或浓磷酸）为催化剂脱水得到。浓硫酸作催化剂和磷酸相比有很多缺点，一是浓硫酸的氧化性比磷酸强，反应时部分原料会被氧化，甚至炭化，使溶液颜色变深，产率下降。另外，反应时会有少量 SO_2 气体生成，纯化时需要碱洗，增加了纯化步骤。本实验采用浓磷酸为催化剂。

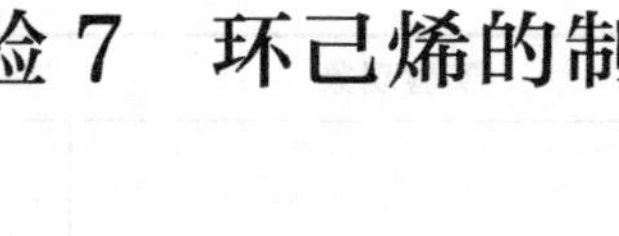

OH

H_3PO_4 $+H_2O$

OH

副反应： 2 H_3PO_4 O $+H_2O$

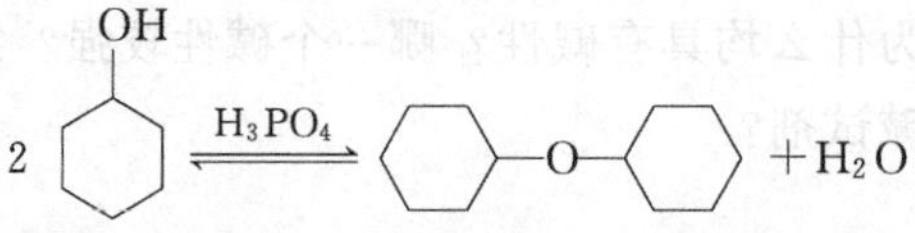

环己醇中的羟基在酸的作用下质子化，生成鉲盐，然后失去一分子水，生成环己基碳正离子，最后从碳正离子中心的邻位碳上失去一个质子得到产物环己烯。一般认为该反应为 E1 历程。

该反应是可逆反应，需及时将生成的环己烯从体系中蒸出，以使平衡向正反应方向移动，提高产物的产率。反应生成的环己烯和水形成二元共沸物（沸点 70.8℃，含水 10%）。但是原料环己醇也能和水形成二元共沸物（沸点 97.8℃，含水 80%）。为了使产物蒸出反应体系，而又不夹带原料环己醇，本实验采用分馏装置，并控制柱顶温度不超过 90℃。

本实验用磷酸作催化剂，比硫酸有很多优点，但也存在不足之处，已有文献报道环己醇还可以在其他的催化剂作用下脱水制得环己烯，例如三氯化铁，四氯化锡，强酸性阳离子交换树脂，固体超强酸 $SO_4^{2-}/TiO_2\text{-}SiO_2$ 等。对于该实验的进一步改进正在探索之中。

【仪器、试剂与材料】

1. 仪器：50mL 圆底烧瓶，温度计，电热套，刺形分馏柱，直形冷凝管，引接管，分液漏斗，锥形瓶，梨形蒸馏瓶，试管。

2. 试剂和材料：环己醇（C. P.），85%磷酸，沸石，无水氯化钙，食盐，5%碳酸钠溶液。主要反应物和生成物的物理常数：

试剂名称	相对分子质量	熔点/℃	沸点/℃	相对密度 d_4^{20}	水溶性
环己醇	100.16	25.2	161	0.9624	微溶于水
85%磷酸	97.99	—	—	1.834	易溶于水
环己烯	82.14	−103.5	83.19	0.8098	难溶于水

【实验步骤】

1. 产品的制备

50mL 干燥的圆底烧瓶上装一短刺形分馏柱，分馏柱上接有温度计用于检测顶部的温度。用 50mL 锥形瓶做接收器。

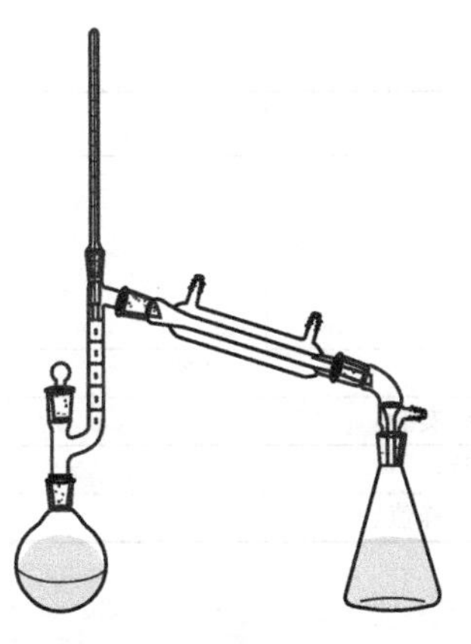

分馏装置

在圆底烧瓶中加入 15g 环己醇[注1]（约 15.6mL，0.15mol），5mL 85%的磷酸和几粒沸石，充分振摇，使混合均匀。将烧瓶放在电热套上用小火慢慢加热[注2]，控制加热速度使分馏柱上端的温度计不超过 90℃，馏出液为浑浊的液体（环己烯与水形成的二元共沸物，沸点 70.8℃，含水 10%）。当烧瓶中只剩很少液体并出现阵阵白雾时，停止加热。全部蒸馏时间大约 1h。

2. 产品的精制

将溜出液用约 1g 的精盐饱和[注3]，然后加入 5mL 5%的碳酸钠溶液，充分振荡后静置，分层。下层为水，上层为环己烯的粗产物。将下层的水溶液自漏斗下端放出，上层的粗产物自漏斗的上口倒入一干燥的锥形瓶中，加入 1～2g 无水氯化钙，塞紧瓶塞，放置 30min，彻底干燥[注4]。

滤去氯化钙，把干燥后的产物倒入干燥的蒸馏瓶中（如液体较少，选用梨形蒸馏瓶），加入几粒沸石，用水浴加热蒸馏。收集 80～85℃的馏分于一已称重的干燥小锥形瓶中。称重。计算产率[注5]。

3. 产品的鉴定

(1) 取所得产品于两支干燥的试管中，一支加入 3%的溴的四氯化碳溶液 5 滴，另一支加入 0.1%的高锰酸钾溶液 5 滴，振荡后观察颜色变化。

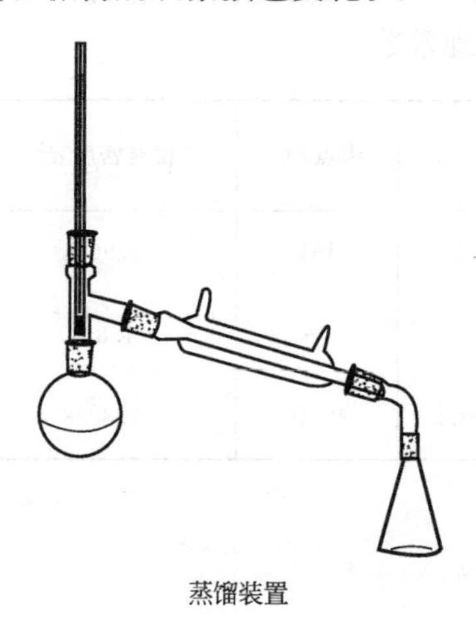

蒸馏装置

(2) 取少量干燥后的环己烯，利用红外光谱仪来鉴定物质的结构。与标准图谱对比，并归属出环己烯的特征吸收峰。

【实验结果与数据处理】

<table>
<tr><th colspan="2">实验步骤</th><th>实验现象与解释</th></tr>
<tr><td colspan="2"></td><td></td></tr>
<tr><td colspan="2">所得环己烯的质量：</td><td>产率</td></tr>
<tr><td rowspan="3">产品的鉴定</td><td colspan="2">溴的四氯化碳实验：</td></tr>
<tr><td colspan="2">高锰酸钾实验：</td></tr>
<tr><td colspan="2">红外光谱特征峰值：</td></tr>
</table>

【实验注意事项】

[1] 环己醇在常温下是黏稠的液体，如用量筒量取转移会有损失，建议用称量法。

[2] 加热温度控制在 90℃以下，避免未反应的环己醇和水形成共沸物（沸点 97.8℃，含水 80%）一起蒸出。

[3] 此处加入精盐的目的是利用盐析效应，降低环己烯在水中的溶解度，便于分层。

[4] 如果干燥不彻底，剩余的水和环己烯形成恒沸点为 70.8℃的共沸混合物，不利于下一步的蒸馏纯化。

[5] 产率的计算方法：

$$\text{产率}=\frac{\text{实际产量}}{\text{理论产量}}\times 100\%$$

当反应物为一种物质时，以本实验为例：

$$\text{(环己醇, OH)} \xrightleftharpoons{H_3PO_4} \text{(环己烯)} + H_2O$$

$$\begin{matrix} 100\text{g} & & 82\text{g} \\ 15\text{g} & & m_{\text{理论}} \end{matrix}$$

$$m_{理论} = \frac{82 \times 15}{100} = 12.3(\text{g})$$

$$产率 = \frac{m_{实际}}{12.3\text{g}}$$

当反应物为多种物质时，往往这些物质不是恰好完全反应，为了提高产物，往往增加某些物质的用量，这时以用量少完全反应的反应物为基准来计算产率。

以溴乙烷的制备为例：

C_2H_5OH ＋ NaBr ＋ H_2SO_4 $\longrightarrow$ C_2H_5Br＋$NaHSO_4$＋H_2O

5mL(3.945g)　7.5g　9.5mL(17.5g)

0.085mol　0.075mol　0.178mol　0.075mol

三种反应物中，C_2H_5OH 和 H_2SO_4 过量，所以以溴化钠的量为基准，生成溴乙烷的

$m_{理论} = 0.075 \times 109 = 8.175$ (g)

$$产率 = \frac{m_{实际}}{8.175\text{g}}$$

【思考题】

1. 在环己烯制备实验中，用磷酸做脱水剂，比用浓硫酸做脱水剂有何优点？
2. 环己烯制备实验采用蒸馏反应装置是否合适？
3. 在环己烯制备实验中，水洗后的粗产物环己烯，不经干燥就进行蒸馏，会有什么结果？
4. 本实验为什么要控制柱顶温度不超过 90℃？

【e 网链接】

1. http://wenku.baidu.com/view/134d7001de80d4d8d15a4f24.html
2. http://dc.gdut.edu.cn/polymer/Article/ShowArticle.asp? ArticleID=5
3. http://sdbs.db.aist.go.jp/sdbs/cgi-bin/direct_frame_top.cgi

[附图]

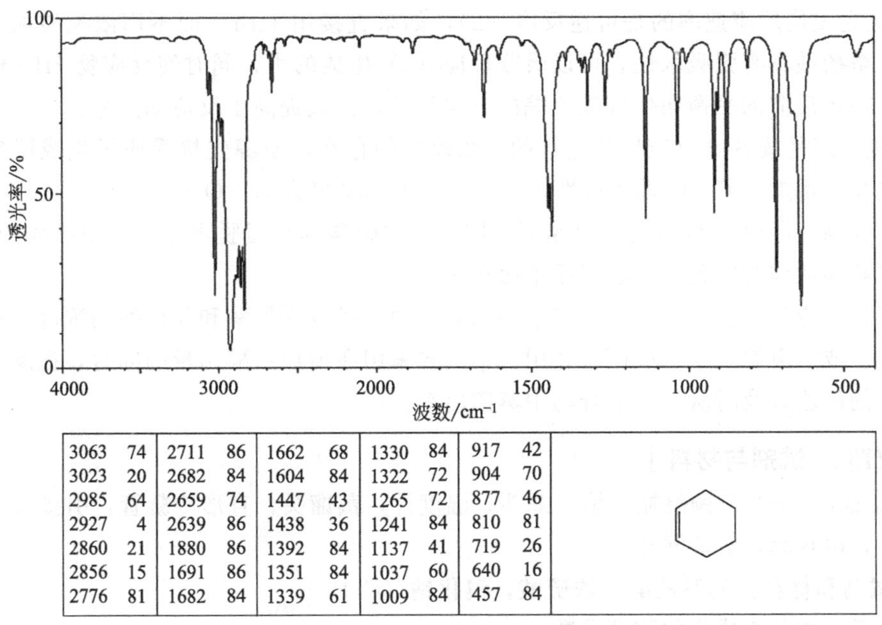

3063	74	2711	86	1662	68	1330	84	917	42
3023	20	2682	84	1604	84	1322	72	904	70
2985	64	2659	74	1447	43	1265	72	877	46
2927	4	2639	86	1438	36	1241	84	810	81
2860	21	1880	86	1392	84	1137	41	719	26
2856	15	1691	86	1351	84	1037	60	640	16
2776	81	1682	84	1339	61	1009	84	457	84

环己烯的红外光谱图

实验 8 溴乙烷的制备

【实验目的与要求】

1. 学习以醇为原料合成对应结构的卤代烃的实验原理与方法；
2. 学习低沸点化合物蒸馏、分液、洗涤、干燥等基本操作；
3. 巩固分液漏斗的使用方法。

【实验原理】

脂肪族卤代烃的实验室制法通常是由结构相对应的醇和氢卤酸或卤化磷、亚硫酰氯共热来制备，本实验将乙醇与溴化钠、浓硫酸共热即得到溴乙烷。反应方程式：

$$NaBr+H_2SO_4 \longrightarrow HBr+NaHSO_4 \quad (1)$$

$$CH_3CH_2OH+HBr \rightleftharpoons CH_3CH_2Br+H_2O \quad (2)$$

副反应：

$$2CH_3CH_2OH \xrightarrow[\triangle]{\text{浓 } H_2SO_4} (C_2H_5)_2O+H_2O$$

$$CH_3CH_2OH \xrightarrow[\triangle]{\text{浓 } H_2SO_4} CH_2{=}CH_2+H_2O$$

$$2HBr+H_2SO_4\ (\text{浓}) \longrightarrow Br_2+SO_2+2H_2O$$

反应历程：

$$CH_3CH_2\ddot{O}H + H^+ \underset{}{\overset{\text{快}}{\rightleftharpoons}} CH_3CH_2\overset{+}{\ddot{O}}H_2$$

$$CH_3CH_2\overset{+}{\ddot{O}}H_2 + Br^- \underset{S_N2}{\overset{\text{慢}}{\rightleftharpoons}} CH_3CH_2Br + H_2O$$

本反应采用溴化钠-硫酸法制备，浓硫酸在这里所起的作用：

① 浓硫酸是强酸，是产生溴代试剂 HBr 的试剂。

② 决定溴代反应速率的是可逆反应（2），如果直接用 HBr，而不用浓硫酸加入时，产率较低，浓硫酸具有强吸水性，可以吸收反应（2）生成的水，同时使反应物 HBr 保持较高的浓度，使该反应的平衡向生成溴乙烷的方向移动，大大提高了反应的产率。

③ 该反应是按 S_N2 反应历程进行的，浓硫酸的存在，使醇先接受质子生成鎓盐，氧上带有正电荷，增加了 C—O 键的极性，同时反应中不易离去的—OH 转变成了较易离去的基团$-OH_2^+$，从而使 C—O 键更容易断裂。同时，浓硫酸具有强脱水性，在浓硫酸的协助下，水分子更容易从鎓盐中脱离中心碳原子而离去。

由于该反应是可逆反应，为了使平衡向右移动，可以增加醇和氢卤酸的浓度，也可以不断地除去生成的卤烷或水，或两者并用。本实验采用在增加乙醇用量的同时，把反应中生成的低沸点的溴乙烷及时从反应混合物中蒸馏出来。

【仪器、试剂与材料】

1. 仪器：50mL 三颈烧瓶，恒压漏斗，温度计，蒸馏头，直形冷凝管，引接管，接受器（锥形瓶），电热套，分液漏斗。

2. 试剂和材料：95％乙醇，浓硫酸，溴化钠（C. P.）。

主要反应物和生成物的物理常数：

试剂名称	相对分子质量	熔点/℃	沸点/℃	相对密度 d_4^{20}	水溶性
溴化钠	103	747	1390	3.203	与水混溶
95%乙醇	46	−117.3	78.4	0.789	与水混溶
溴乙烷	109	−119	38.4	1.46	难溶
98%浓硫酸	98	10.49	338	1.84	与水混溶

【实验步骤】

1. 产品的制备

50mL 三颈烧瓶做主反应器，一口接恒压漏斗，一口插入温度计（浸入反应体系中），一口接上口能插温度计的蒸馏头，蒸馏头接直形冷凝管、接引管，接收器（内放少量的冰水和 5mL 饱和亚硫酸氢钠溶液[注1]），接引管的末端刚浸入在接收器的水溶液中，并在接引管的小支管处接一乳胶管，直通下水道。

三颈烧瓶中先加入 5mL（3.95g，0.08mol）95%的乙醇，4.5mL 蒸馏水，并加入研细的溴化钠 7.5g（0.073mol）和 2～3 粒沸石，摇匀，在恒压漏斗中加入 9.5mL 浓硫酸（17.48g，0.175mol），从恒压漏斗中缓缓滴入浓硫酸，用电热套小心加热反应体系，保持反应平稳地发生[注2]，直到无油滴滴出。移开接收器，停止加热[注3]。

2. 产品的精制

将接收器中的馏出液小心地倒入分液漏斗中，静置，将有机层（根据密度判断有机层为上层还是下层）从漏斗下端放入一干燥的锥形瓶中[注4]，将锥形瓶放在冰水浴中冷却，往瓶中逐滴加入浓硫酸，同时振荡，除去乙醚、乙醇、水等杂质，使溶液明显分层。用干燥的分液漏斗仔细地分去下层的硫酸层，将溴乙烷从上口移入 25mL 的蒸馏烧瓶中，装配蒸馏装置，加几粒沸石，蒸馏溴乙烷，接收器放在冰水浴中，收集 37～40℃的馏分。

3. 产品的鉴定

取少量干燥后的溴乙烷，利用红外光谱仪来鉴定物质的结构，与标准图谱对比，并归属出溴乙烷的特征吸收峰。

【实验结果与数据处理】

实验步骤	实验现象与解释
所得溴乙烷的质量：	产率：
产品的鉴定	红外光谱特征峰值：

【实验注意事项】

[1] 反应时，加热不均匀或过热时，会有少量的溴分解出来使蒸出的油层带棕黄色。加亚硫酸氢钠可除去此棕黄色。

[2] 反应开始时会产生大量的气泡，应严格控制反应温度，使其平稳地进行。

[3] 在反应过程中应密切注意防止接受器中的液体发生倒吸而进入冷凝管。一旦发生此

现象，应暂时把接受器放低，使接引管的下端露出液面，然后稍稍加大火焰，待有馏出液出来时再恢复原状。反应结束时，先移开接受器，再停止加热。趁热将反应瓶里的残液倒掉，以免硫酸氢钠冷却结块，不易倒出。

[4] 粗产品中的水一定要先分离干净，如果水不分尽，加浓硫酸时混合物发热会使产物挥发损失，另外有水时会降低硫酸的浓度，使洗涤效果变差。此处浓硫酸的作用是除去乙醚、乙醇、水等杂质，它们都溶于浓硫酸，而溴乙烷既不溶于水，也不溶于浓硫酸。

【思考题】

1. 本实验中两次用到浓硫酸，各自的目的是什么？
2. 溴乙烷的沸点低（38.4℃），本实验中采取了哪些措施减少溴乙烷的损失？
3. 本实验得到的产物溴乙烷产率往往不高，试分析有几种可能的影响因素。

【e网链接】

1. http://blog.sina.com.cn/s/blog_74b6480d0100p63y.html
2. http://wenku.baidu.com/view/6ff1337916888486876 2d6ed.html
3. http://wenku.baidu.com/view/ee7f83a2b0717fd5360cdc80.html
4. http://wenku.baidu.com/view/f9aa570a76c66137ee06195b.html
5. http://sdbs.db.aist.go.jp/sdbs/cgi-bin/direct_frame_top.cgi

[附图]

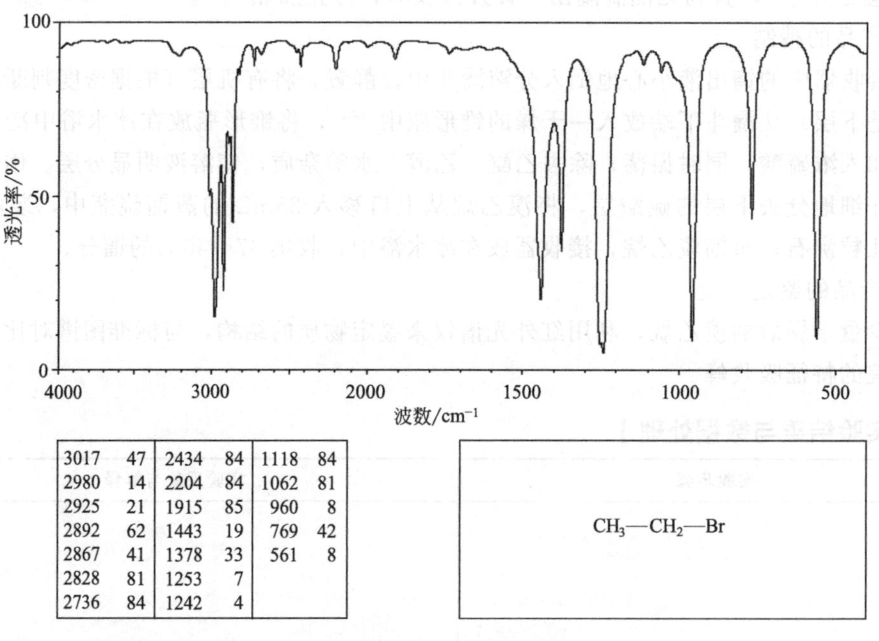

3017	47	2434	84	1118	84
2980	14	2204	84	1062	81
2925	21	1915	85	960	8
2892	62	1443	19	769	42
2867	41	1378	33	561	8
2828	81	1253	7		
2736	84	1242	4		

溴乙烷的红外光谱图

实验9 1-溴丁烷的制备

【实验目的与要求】

1. 进一步巩固由醇制备溴代烃的原理和方法；
2. 熟悉回流及有害气体吸收装置的安装与操作；
3. 掌握液体产品的纯化单元操作。

【实验原理】

$$NaBr+H_2SO_4 \longrightarrow HBr+NaHSO_4$$

$$n\text{-}C_4H_9OH+HBr \rightleftharpoons n\text{-}C_4H_9Br+H_2O$$

反应历程同前。

该反应是可逆反应，为了使平衡向右移动，可以增加醇和氢卤酸的浓度，也可以不断地除去生成的卤烷或水，或两者并用。在制备溴乙烷时是增加乙醇用量的同时，把反应中生成的低沸点的溴乙烷及时从反应混合物中蒸馏出来。本实验根据反应物和生成物的特点（正溴丁烷的沸点高，不易从体系中蒸出），在增加溴化钠用量的同时，加入过量的硫酸，以吸收反应中生成的水。

反应需要加热，为了防止反应物醇被蒸出，采用了回流装置，由于 HBr 有毒，为了防止 HBr 溢出，污染环境，需安装气体吸收装置。

副反应：

$$2n\text{-}C_4H_9-OH \xrightarrow[\triangle]{\text{浓 }H_2SO_4} (n\text{-}C_4H_9)_2O+H_2O$$

$$n\text{-}C_4H_9-OH \xrightarrow[\triangle]{\text{浓 }H_2SO_4} CH_3CH_2CH=CH_2+H_2O$$

$$2HBr+H_2SO_4\text{（浓）} \longrightarrow Br_2+SO_2+2H_2O$$

粗产品中有未反应的醇和副产物醚，用浓硫酸洗涤除去。

【仪器、试剂与材料】

1. 仪器：50mL 圆底烧瓶，球形冷凝管，烧杯，电热套，分液漏斗，温度计，蒸馏头，冷凝管，接引管，接收器（锥形瓶）。

2. 试剂和材料：正丁醇（C. P.），浓硫酸，无水溴化钠（C. P.），亚硫酸氢钠（C. P.），饱和碳酸氢钠溶液，无水氯化钙（C. P.），沸石。

主要反应物和生成物的物理常数：

试剂名称	相对分子质量	熔点/℃	沸点/℃	相对密度 d_4^{20}	水溶性
正丁醇	74.12	−88.9	117.7	0.8098	微溶于水
溴化钠	102.89	747	1390	3.203	易溶于水
浓硫酸	98.08	—	338	1.84	与水混溶
溴丁烷	136.9	−112.4	101.3	1.276	不溶于水

【实验步骤】

1. 产品的制备

在 50mL 圆底烧瓶中加入 10mL 水和 10mL 浓硫酸（18.4g，0.188mol），混合均匀并冷却至室温。再依次加入 6.2mL 正丁醇（5.02g，0.068mol）、8.3g 溴化钠（0.08mol）[注1]，几粒沸石，充分摇匀后装上球形冷凝管成为回流装置，冷凝管上端接气体吸收装置，用于吸收反应中溢出的溴化氢气体。将烧瓶放在电热套中低压加热至沸腾，然后调节电压使反应物保持沸腾而又平稳的回流状态，由于是两相反应，反应中要时常摇动烧瓶促进反应进行。回流时间大约 30min，停止加热，反应液冷却后分层，改为蒸馏装置，直到油层消失，反应瓶内无油滴蒸出为止[注2]，得到粗产品 1-溴丁烷。

2. 产品的精制

将馏出液移至分液漏斗中，用 10mL 水洗涤，小心地将粗产品（判断粗产品是哪一层）[注3]转到另一个干燥的分液漏斗中[注4]，分两次各用 3mL 浓硫酸洗涤，洗涤时要充分摇匀。分去硫酸层（判断是哪一层？），有机层分别用等体积的水（如此时产品有颜色，可加入少量亚硫酸氢钠溶液，振摇后即可除去）、饱和碳酸氢钠、水各 10mL 洗涤[注5]。洗涤后转入干燥的小锥形瓶中，加入 2g 左右的无水氯化钙，间歇摇动，直到液体透明为止。

将干燥后的产物过滤到蒸馏瓶中，加入几粒沸石，在电热套中加热蒸馏，收集 99～103℃的馏分。称重，计算产率。

3. 产品的鉴定

取少量干燥后的 1-溴丁烷，利用红外光谱仪来鉴定物质的结构。与标准图谱对比，并归属出 1-溴丁烷的特征吸收峰。

【实验结果与数据处理】

实验步骤	实验现象与解释
所得 1-溴丁烷的质量：	产率：
产品的鉴定	红外光谱特征峰值：

【实验注意事项】

[1] 加料时要使物料充分混合均匀，尤其不能使溴化钠沾附在液面以上的烧瓶内壁上，以防止硫酸局部过浓，产生氧化副产物，使产品颜色加深。

[2] 蒸馏时间不宜过长，反应瓶内油层消失，馏出液无油滴蒸出即停止蒸馏，否则 HBr 水溶液和 HBr 被硫酸氧化的 Br_2 会被蒸出，会使馏出液纯度差而影响后续的纯化。

[3] 洗涤产物时，要先了解产物和洗涤液的相对密度的大小，仔细判断哪一层是产品，避免把产品当成洗涤液倒掉。

[4] 用硫酸洗涤粗产品前，一定要将油层和水层彻底分开，否则浓硫酸被稀释，降低洗涤效果。

[5] 各次水洗时注意观察水面上是否还有悬浮的油状产品，如有，则在放出下层油后，轻轻旋转分液漏斗，使油状悬浮物离心下沉，再将其放出，并入，以减少损失。

【思考题】

1. 溴乙烷的制备和 1-溴丁烷的制备在装置上有何不同，为什么？

2. 1-溴丁烷的粗制品中有哪些杂质？每一步洗涤的目的是什么？

3. 本实验硫酸的浓度没有采用传统的 68.2%的硫酸（20mL 硫酸 + 15mL 水），而是采用了 62.2%的硫酸（10mL 硫酸 + 10mL 水），这样有什么好处？

4. 是否能用碘化钠或氯化钠代替溴化钠来制备 1-碘丁烷和 1-氯丁烷？为什么？

【e 网链接】

1. http://www.docin.com/p-435506569.html

2. http://www. docin. com/p-102584654. html
3. http://blog. 163. com/wanjian555@126/blog/static/40502034200841272557437/
4. http://218. 193. 148. 37/bukaifang/syzds/yj/yj10. htm
5. http://sdbs. db. aist. go. jp/sdbs/cgi-bin/direct _ frame _ top. cgi

[附图]

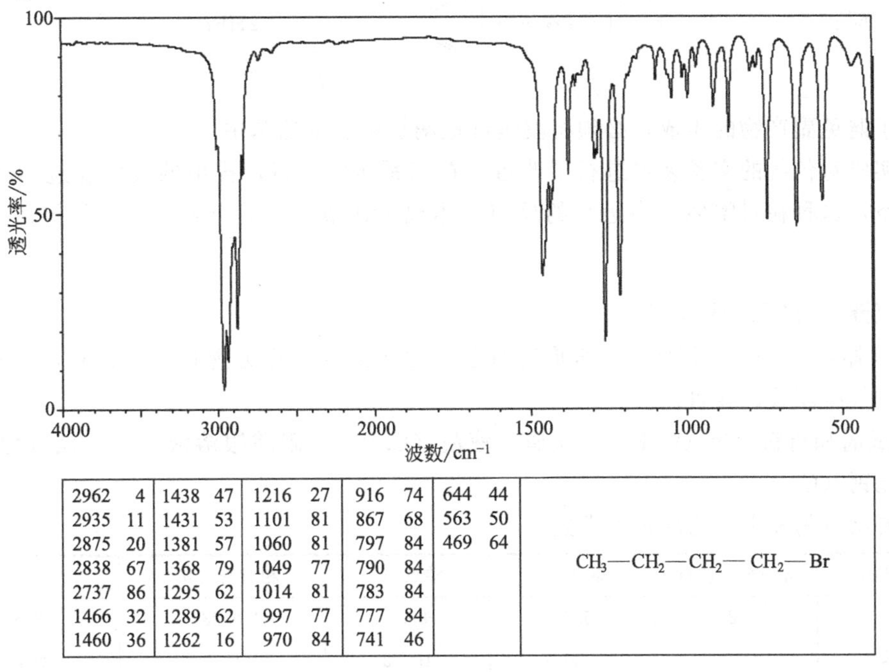

2962	4	1438	47	1216	27	916	74	644	44
2935	11	1431	53	1101	81	867	68	563	50
2875	20	1381	57	1060	81	797	84	469	64
2838	67	1368	79	1049	77	790	84		
2737	86	1295	62	1014	81	783	84		
1466	32	1289	62	997	77	777	84		
1460	36	1262	16	970	84	741	46		

$CH_3—CH_2—CH_2—CH_2—Br$

1-溴丁烷的红外光谱图

实验 10 溴苯的制备

【实验目的与要求】

1. 掌握芳香烃发生卤代反应的原理和方法；
2. 学习使用空气冷凝管进行蒸馏；
3. 在封闭体系中进行反应，培养学生环保意识和绿色化学思想。

【实验原理】

芳香族卤代烃的制备方法和卤代烷的制法不同，是芳香族化合物和氯（或溴）在铁或三卤化铁的催化下发生反应，卤素取代芳环上的氢而直接连在芳环上，该反应是亲电取代反应历程。

$$2Fe+3Br_2 = 2FeBr_3$$

$$Br^-Br^+ + FeBr_3 \longrightarrow Br^+ + [FeBr_4]^-$$

$$C_6H_6 + Br^+ \longrightarrow C_6H_6\cdots Br^+ \longrightarrow [C_6H_6Br]^+ \longrightarrow C_6H_5Br + H^+$$

$$H^+ \xrightarrow{[FeBr_4]^-} H[FeBr_4] \longrightarrow HBr + FeBr_3$$

从反应历程来看，不论是用铁粉还是 $FeBr_3$，真正的催化剂是 $FeBr_3$。

$FeBr_3$ 是路易斯酸，其作用是促使卤素分子极化而离解生成亲电试剂 Br^+ 和 $FeBr_4^-$。该反应需要一定时间，所以在卤代反应开始前有一个诱导期，在溴代反应刚开始时，反应较缓和，过一段时间后开始剧烈反应。

副反应：

$$C_6H_5Br + Br_2 \longrightarrow o\text{-}C_6H_4Br_2 + p\text{-}C_6H_4Br_2 + 2HBr$$

为了避免副产物的生成，必须将溴慢慢地滴加到过量的苯中。

该实验对传统的实验装置进行了改进，在三颈瓶中进行，排出的气体经过 NaOH 吸收后再放空，这种在封闭体系内进行的反应，体现了在整个实验过程中减少污染的绿色化学思想。

【仪器、试剂与材料】

1. 仪器：250mL 三颈烧瓶，直形冷凝管，恒压漏斗，磁力搅拌器，试管，烧杯，玻璃漏斗，空气冷凝管，导管。

2. 试剂和材料：苯（C. P.），铁屑，液溴（C. P.），硝酸银溶液，10%氢氧化钠溶液，无水氯化钙（C. P.）。

主要反应物和生成物的物理常数：

试剂名称	相对分子质量	熔点/℃	沸点/℃	相对密度 d_4^{20}	水溶性
苯	78	5.51	80.1	0.88	难溶于水
溴苯	157	−30.7	156.2	1.50	难溶于水

【实验步骤】

1. 产品的制备

250mL 三颈烧瓶中分别装上冷凝管，恒压漏斗和塞子，按如图所示的装置连接好[注1]。检验装置的气密性。

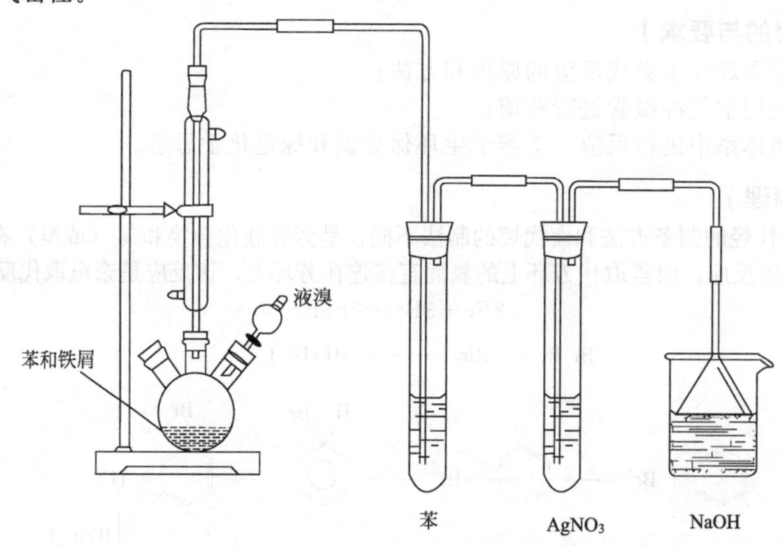

在三颈烧瓶中放入 22mL 无水苯（19.4g，0.25mol）和 0.5g 铁屑，恒压漏斗中加入 10mL 液溴（31.2g，0.2mol）[注2]。为了加快反应的进行，三颈瓶可以固定在磁力搅拌

器上。

在三颈瓶中先滴入几滴溴，片刻后，反应即开始进行，开磁力搅拌器，在搅拌状态下慢慢滴入其余的溴[注3]，使溶液保持微沸，大约 40min 滴完。冷凝管中有红棕色的液滴回流到三颈瓶中，在盛有硝酸银溶液的试管中导管的末端有白雾产生，试管中有浅黄色的沉淀生成。滴加完毕后，用60℃左右的水浴加热约 20min，直到白雾消失，反应完成。向反应瓶内加 30mL 水，振摇后，抽滤，除去少量铁屑。

2. 产品的精制

将滤出液依次用 20mL 水[注4]、10mL 10%氢氧化钠溶液、20mL 水洗涤。加入 1～2g 无水氯化钙，塞紧瓶塞，彻底干燥，滤去氯化钙后，用水浴蒸去苯，在石棉网上用小火加热，当温度上升到 135℃时，换成空气冷凝管[注5]，收集 140～170℃的馏分，将此馏分再蒸一次[注6]，收集 150～160℃的馏分。

3. 产品的鉴定

取少量干燥后的溴苯，利用红外光谱仪来鉴定物质的结构。与标准图谱对比，并归属出溴苯的特征吸收峰。

【实验结果与数据处理】

实验步骤	实验现象与解释
所得溴苯的质量：	产率：
产品的鉴定	红外光谱特征吸收峰值：

【实验注意事项】

[1] 实验仪器必须干燥，否则反应开始很慢，甚至不起反应，因为三溴化铁遇水很容易发生水解而失效。

[2] 溴是具有强烈腐蚀性和刺激性的物质，量取时要特别小心，必须在通风橱中进行，并带上防护手套。如不慎触及皮肤，要立即用大量水冲洗后，涂上甘油。

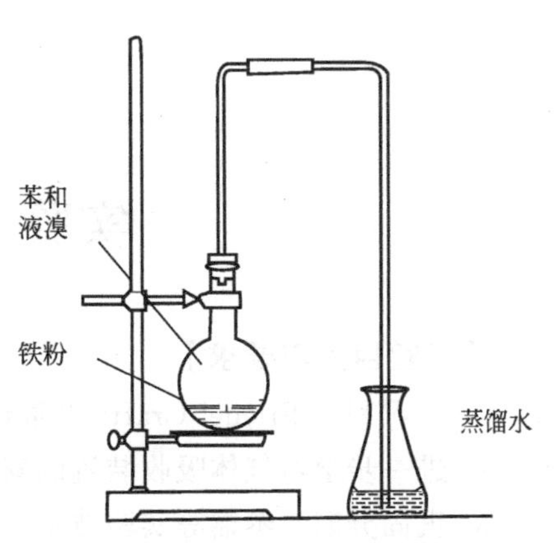

[3] 控制溴的滴加速度，否则会有大量的二溴代苯副产物生成。

[4] 用水洗涤是除去 $FeBr_3$、HBr 和部分溴，避免直接用 NaOH 溶液洗涤时，产生胶状的 $Fe(OH)_3$，难以清晰分层。

[5] 当蒸馏物沸点超过 140℃时，一般使用空气冷凝管，以免直形冷凝管通水冷却导致玻璃温差大而炸裂。

[6] 二次蒸馏是为了除去夹杂的少量苯，得到较纯的溴苯。

【思考题】

1. 右上图是传统的溴苯的制备装置，该实验改进后，和传统的相比有什么优点？

2. 本实验中如何尽量避免二溴代苯副产物的生成？

【e网链接】

1. http://www.docin.com/p-221318554.html

2. http://sdbs.db.aist.go.jp/sdbs/cgi-bin/direct_frame_top.cgi

3. http://wenku.baidu.com/link?url=umnBvZEZgN1uSSXcqtY-NF6ILzkkHQpnwQQwpejgSKfNyw_T_7as14yjM3KgATPyFX-koVk1tDIb_ilKcV4N7Igwzqlbquf-EZdvu7qM5dC

［附图］

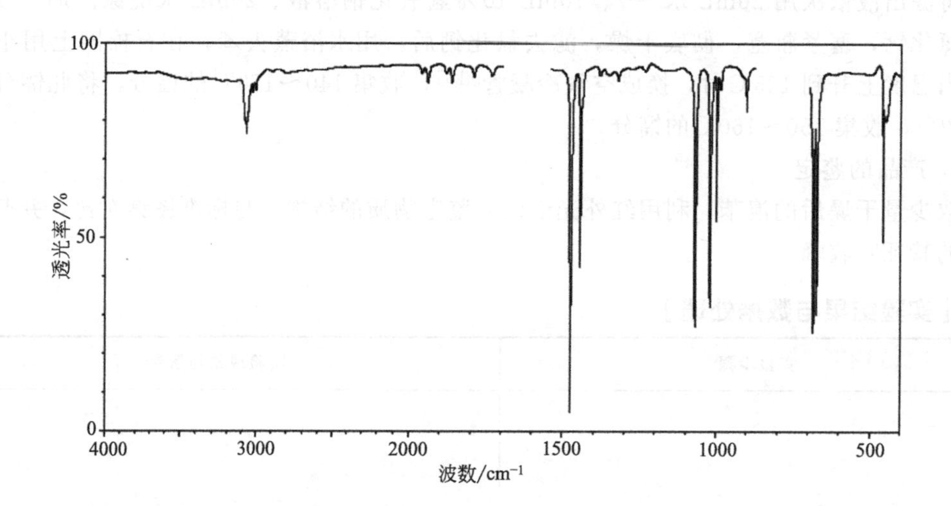

3081	77	1444	41	686	24
3069	74	1438	79	673	28
3027	84	1071	26	458	46
3006	84	1021	30	450	77
1940	86	1000	52		
1861	86	989	84		
1476	4	902	79		

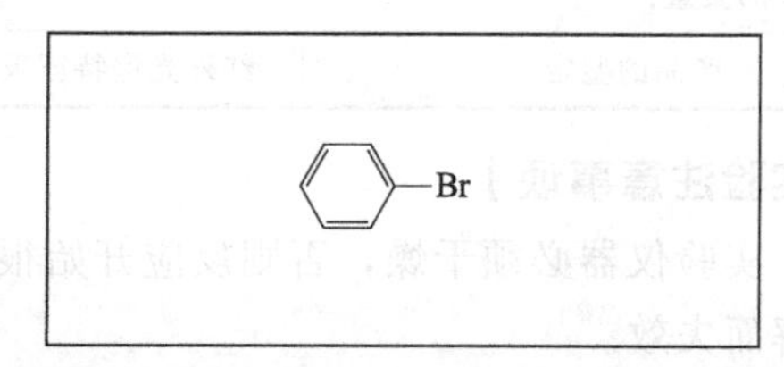

溴苯的红外光谱图

实验11 乙苯的制备

【实验目的与要求】

1. 学习利用Friedel-Crafts烷基化反应制备烷基苯的原理和方法；
2. 进一步学习气体吸收装置的安装与操作；
3. 巩固分馏、蒸馏等实验技术。

【实验原理】

傅瑞德尔-克拉夫茨反应简称傅-克反应。包括芳香族化合物的烷基化和酰基化反应，其中烷基化反应是合成烷基苯的重要方法，常用的烷基化试剂有卤代烷、烯烃、醇等。傅-克反应使用的催化剂多数是路易斯酸，最常用有效的催化剂是$AlCl_3$。

主反应：

$$C_6H_6 + CH_3CH_2Br \rightleftharpoons C_6H_5CH_2CH_3 + HBr$$

该反应是亲电取代反应历程。

副反应：

$$C_6H_5CH_2CH_3 + CH_3CH_2Br \rightleftharpoons o\text{-}C_6H_4(CH_2CH_3)_2 + p\text{-}C_6H_4(CH_2CH_3)_2 + HBr$$

乙基是供电子基团，乙苯的苯环上电子云密度超过苯，所以乙苯比苯活泼 1.5～3 倍，更容易受到亲电试剂碳正离子的进攻，生成邻对位二乙苯。同理，二乙苯容易进一步反应生成多乙苯。副产物二乙苯和多乙苯量取决于反应物的配比、搅拌状况、反应的温度等，所以要严格控制条件，尽可能避免副产物的生成。

【仪器、试剂与材料】

1. 仪器：100mL 三颈烧瓶，滴液漏斗，回流冷凝管，玻璃漏斗，磁力搅拌器，电热套，直形冷凝管，接引管，锥形瓶。

2. 试剂和材料：无水三氯化铝，苯（C. P.），溴乙烷（C. P.），浓盐酸，无水氯化钙（C. P.）。

主要反应物和生成物的物理常数：

试剂名称	相对分子质量	熔点/℃	沸点/℃	相对密度 d_4^{20}	水溶性
苯	78.11	5.51	80.1	0.88	难溶于水
溴乙烷	108.97	−119	38.4	1.46	难溶于水
乙苯	106.16	−94.6	136.2	0.87	难溶于水

【实验步骤】

1. 产品的制备

取 100mL 三颈烧瓶，一个侧口装恒压滴液漏斗，中口装回流冷凝管，另一个侧口用玻璃塞塞住。冷凝管上口连接气体吸收装置。三颈瓶固定在磁力搅拌器上。

在三颈烧瓶[注1]中迅速加入 3.0g 无水三氯化铝[注2]和 30mL 苯，在恒压滴液漏斗中加入 7.5mL 溴乙烷（11g，0.1mol）和 14.3mL 苯的混合液。开动磁力搅拌器，一边搅拌一边缓缓滴加混合液。当有气体逸出，并有不溶于苯的红棕色物质生成时，表明反应已经发生。控制滴加速度，使反应平稳地进行。加料完成后，继续搅拌，当反应缓和下来时，开始水浴加热，控制温度 60～65℃，反应持续大约 1h，然后停止加热和搅拌。

2. 产品的精制

在冷水浴中冷却至室温，在通风橱中，不断搅拌下将反应混合液缓缓倒入预先配好的 50g 碎冰、50mL 水及 5mL 浓盐酸的烧杯中，不断地用玻璃棒搅拌，使配合物完全分解，静置，分层。

用分液漏斗分去水层，有机层用等体积的水洗涤 2～3 次，分离出有机层，用适量的无水氯化钙干燥。

将干燥后的液体小心地倒入 100mL 的蒸馏瓶中，安装好刺形分馏柱，烧瓶用电热套加热，馏出速度控制在每秒 1 滴，收集 85℃前的馏分。换成小蒸馏烧瓶蒸馏，收集 132～

139℃的馏分。

3. 产品的鉴定

取少量干燥后的乙苯，利用红外光谱仪来鉴定物质的结构。与标准图谱对比，并归属出乙苯的特征吸收峰。

【实验结果与数据处理】

实验步骤	实验现象与解释
所得乙苯的质量：	产率：
产品的鉴定	红外光谱特征吸收峰值：

【实验注意事项】

[1] 该实验所用仪器和药品均应干燥，否则严重影响实验结果，或者使反应很难进行。

[2] 无水三氯化铝暴露在空气中，极易吸水潮解而失效，应该用包装严密的试剂，并且称取动作要迅速。

【思考题】

1. 取用三氯化铝时为什么要动作迅速？否则会造成什么后果？

2. 本实验采取了哪些措施避免副产物多烷基苯的生成？

【e 网链接】

1. http://www. docin. com/p-588196860. html

2. http://sdbs. db. aist. go. jp/sdbs/cgi-bin/direct _ frame _ top. cgi

[附图]

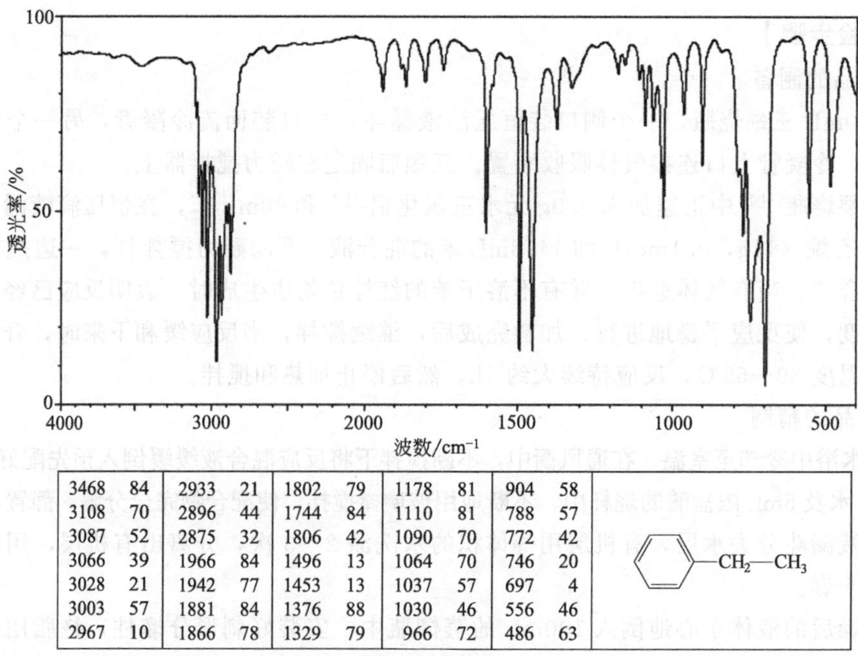

3468	84	2933	21	1802	79	1178	81	904	58
3108	70	2896	44	1744	84	1110	81	788	57
3087	52	2875	32	1806	42	1090	70	772	42
3066	39	1966	84	1496	13	1064	70	746	20
3028	21	1942	77	1453	13	1037	57	697	4
3003	57	1881	84	1376	88	1030	46	556	46
2967	10	1866	78	1329	79	966	72	486	63

乙苯的红外光谱图

实验12 对甲苯乙酮的制备

【实验目的与要求】

1. 掌握傅-克酰基化反应生成芳酮的原理和方法；
2. 掌握有毒气体的吸收方法；
3. 学会正确使用空气冷凝管进行蒸馏。

【实验原理】

傅瑞德尔-克拉夫茨反应简称傅-克反应。包括芳香族化合物的烷基化和酰基化反应，其中酰基化反应通常用于芳香酮的制备。该反应是芳香烃和无水三氯化铝等催化剂存在下，同酰氯和酸酐等酰基化试剂反应，在苯环上引入酰基。由于酰基是钝化苯环的基团，所以引入一个酰基后，会降低苯环的活性，不会生成多元取代物的混合物。

本实验以甲苯为原料，通过傅-克酰基化反应制备对甲苯乙酮。反应方程式如下：

$$C_6H_5CH_3 + (CH_3CO)_2O \xrightarrow{\text{无水 } AlCl_3} p\text{-}CH_3C_6H_4COCH_3 + CH_3COOH \quad (1)$$

$$CH_3-\overset{O}{\overset{\|}{C}}-OH + AlCl_3 \longrightarrow CH_3-\overset{O}{\overset{\|}{C}}-OAlCl_2 + HCl \quad (2)$$

$$p\text{-}CH_3C_6H_4COCH_3 + AlCl_3 \longrightarrow p\text{-}CH_3C_6H_4-\underset{H_3C}{C}{=}O\text{---}AlCl_3 \quad (3)$$

$$p\text{-}CH_3C_6H_4-\underset{H_3C}{C}{=}O\text{---}AlCl_3 \xrightarrow[H^+]{H_2O} p\text{-}CH_3C_6H_4COCH_3 + AlCl_3(H_2O) \quad (4)$$

生成的乙酸和对甲苯乙酮分别和1mol $AlCl_3$ 反应，见反应式（2）、(3)，所以三氯化铝的用量要比理论用量多得多，一般1mol乙酸酐需要2.2～2.4mol三氯化铝。

【仪器、试剂与材料】

1. 仪器：250mL三颈烧瓶，恒压漏斗，温度计，干燥管，玻璃漏斗，电动搅拌器，球形冷凝管，空气冷凝管，锥形瓶，分液漏斗，电热套，锥形瓶，蒸馏烧瓶，直形冷凝管，接引管等。

2. 试剂和材料：无水三氯化铝，乙酸酐（C.P.），甲苯（C.P.），浓盐酸，10％氢氧化钠溶液，无水硫酸镁。

主要反应物和生成物的物理常数：

试剂名称	相对分子质量	熔点/℃	沸点/℃	相对密度 d_4^{20}	水溶性
甲苯	92.14	−93	110.6	0.87	难溶于水

续表

试剂名称	相对分子质量	熔点/℃	沸点/℃	相对密度 d_4^{20}	水溶性
乙酸酐	102.09	−73.1	139.6	1.08	缓慢溶于水
对甲苯乙酮	134.18	28	225	1.005	微溶于水

【实验步骤】

1. 产品的制备

250mL 的三颈瓶[注1]，一个侧口装恒压漏斗，中口装电动搅拌器，另一个侧口装回流冷凝管，冷凝管上口接一氯化钙干燥管，再连一气体吸收装置。

迅速称取 16g（0.12mol）研细的无水三氯化铝[注2]放入三颈烧瓶中，加入甲苯 25mL[注3]，恒压漏斗中加入 4.7mL 乙酸酐（5.1g，0.05mol）和 6mL 甲苯。开动电动搅拌器，在搅拌下慢慢将漏斗中的混合液滴入三颈烧瓶中，先加几滴，等反应开始后再继续滴加，控制甲苯的回流速度，约 10min[注4]加料完成，用电热套加热微沸回流大约 1h，至不再有氯化氢气体溢出为止。

2. 产品的精制

冷却到室温[注5]，在通风橱里把反应混合物倒入 50g 碎冰和 30mL 浓盐酸的烧瓶中，不断搅拌使固体溶解，如果仍有固体，补加一点盐酸至固体完全溶解。将混合物倒入分液漏斗中，静置。分出有机层（甲苯层，判断是上层还是下层），依次用水、10%氢氧化钠溶液、水各 10mL 洗涤，再用无水硫酸镁干燥，将干燥后的溶液滤入蒸馏瓶中，加热蒸出甲苯，当温度升到 140℃左右时，停止加热，稍冷后换空气冷凝管，继续蒸馏，收集 224～226℃的馏分[注6]。

3. 产品的鉴定

取少量干燥后的对甲苯乙酮，利用红外光谱仪来鉴定物质的结构。与标准图谱对比，并归属出对甲苯乙酮的特征吸收峰。

【实验结果与数据处理】

实验步骤	实验现象与解释
所得对甲苯乙酮的质量：	产率：
产品的鉴定	红外光谱特征吸收峰值

【实验注意事项】

[1] 本实验的仪器均要干燥，以免无水三氯化铝水解，降低其催化活性。

[2] 无水三氯化铝的质量是实验成功的关键，所以称量、研细、投料都要迅速，避免长时间暴露在空气中。

[3] 本实验所用甲苯是大大过量的，多余的甲苯做溶剂使用。

[4] 滴加乙酸酐和甲苯的混合物的速度要适中，以 10min 为宜，滴加太快，反应温度

会很高，同时，会有大量的氯化氢气体溢出，造成环境污染。

[5] 冷却前应撤去气体吸收装置，防止冷却时气体吸收装置中的水倒流到反应瓶中。

[6] 由于最终产物不多，沸点较高，宜选用较小蒸馏瓶（小于 50mL），最后可以在铁丝网上加热收集产品。

【思考题】

1. 本实验所用仪器和药品如果不干燥对实验的进行会有什么影响？
2. 制备对甲苯乙酮时，为什么甲苯和无水三氯化铝都要过量？
3. 反应完成后为什么要加入浓盐酸和冰水的混合物？

【e网链接】

1. http://wenku.baidu.com/link?url=hnayLn_2TgyKxJ11-Ut4jsPzU3OtoGeZJZej8vmK3XRgI4TAkwCcw8sxAfppTKp3G4TdhpAMb5kGHSd7nuPrqBY7uZUw7CEh3nsGJLxjb_a

2. http://sdbs.db.aist.go.jp/sdbs/cgi-bin/direct_frame_top.cgi

[附图]

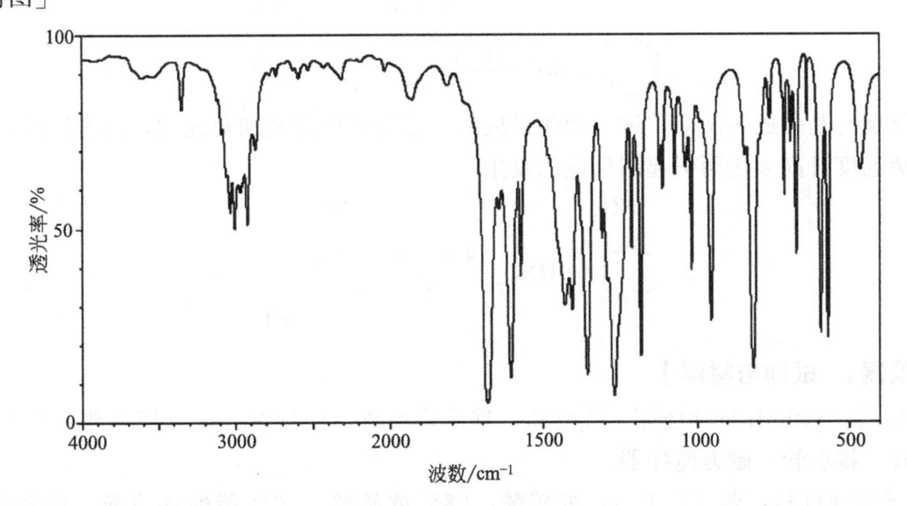

3347	77	1926	79	1368	11	1076	62	713	67	
3088	72	1682	4	1309	46	1040	64	693	70	
3032	52	1644	55	1269	6	1019	37	673	42	$H_3C-C_6H_4-C(=O)-CH_3$
3004	47	1607	10	1212	43	964	26	638	74	
2968	57	1574	36	1182	16	843	66	592	22	
2923	49	1430	28	1123	84	816	15	568	20	
2869	68	1406	27	1113	68	762	74	466	62	

对甲苯乙酮的红外光谱图

实验 13 硝基苯的制备

【实验目的与要求】

1. 掌握芳香烃发生硝化反应的原理和方法；
2. 进一步学习使用空气冷凝管进行蒸馏；

3. 学习蒸馏、洗涤等基本操作技术。

【实验原理】

硝基苯是芳香族硝基化合物，其纯品是几乎无色或淡黄色的油状液体，有苦杏仁的气味，硝基苯是重要的精细化工原料，是医药和染料的中间体。

硝基苯通常由苯直接硝化制得，常用的硝化试剂是混酸，即浓硝酸和浓硫酸的混合物。化学反应方程式：

$$C_6H_6 + HNO_3 \xrightarrow[50\sim60℃]{浓\ H_2SO_4} C_6H_5NO_2 + H_2O$$

混酸中浓硫酸的作用：① 脱水剂；② 有利于亲电试剂硝酰正离子 NO_2^+ 的形成：

$$2H_2SO_4 + HONO_2 \rightleftharpoons NO_2^+ + H_3O^+ + 2HSO_4^-$$

NO_2^+ 是一个较强的亲电试剂，它先和苯环结合生成 σ 配合物，然后这个正离子失去一个质子而生成硝基苯。

$$C_6H_6 + NO_2^+ \xrightarrow{慢} [C_6H_6NO_2]^+ \xrightarrow[快]{-H^+} C_6H_5NO_2$$

硝化反应是强放热反应，进行硝化反应时，必须严格控制加料速度，同时进行充分地搅拌，避免温度升高太快而引起副反应的发生。

$$C_6H_5NO_2 + HNO_3 \xrightarrow[\triangle]{浓\ H_2SO_4} m\text{-}C_6H_4(NO_2)_2$$

【仪器、 试剂与材料】

1. 仪器：100mL 三颈烧瓶，锥形瓶，球形冷凝管，滴液漏斗，分液漏斗，水浴锅，空气冷凝管，接引管，磁力搅拌器。

2. 试剂和材料：苯（C. P.），浓硝酸，98%浓硫酸，10%碳酸钠溶液，饱和食盐水，无水氯化钙（C. P.）。

主要反应物和生成物的物理常数：

试剂名称	相对分子质量	熔点/℃	沸点/℃	相对密度 d_4^{20}	水溶性
苯	78.11	5.5	80.1	0.88	难溶于水
98%浓硫酸	98.08	10.49	338	1.84	与水混溶
65%浓硝酸	63.01	—	83	1.4	与水混溶
硝基苯	123.11	5.6～5.7	210.9	1.207	难溶于水

【实验步骤】

1. 产品的制备

在 100mL 的三颈烧瓶左口装一支 100℃温度计（水银球伸入液面下，并距瓶底约 5 mm)、中口装球形冷凝管（或 300mm 长的玻璃管)、右口装上滴液漏斗，整个装置固定在磁力搅拌器上[注1]。

混酸的配制：在 50mL 锥形瓶中加入 20mL 98%的浓硫酸（36.8g，0.37mol)，把锥形瓶放在冷水浴中，将 14.6mL（20.4g，0.21mol）的浓硝酸缓缓加入浓硫酸中，振摇锥形瓶，使混合均匀，备用。

在三颈烧瓶中加入 17.8mL（15.7g，0.2mol）的苯及一磁力搅拌子，开动磁力搅拌器搅拌。自滴液漏斗中分批滴加配制好的混酸，这时反应液的温度会逐渐升高，待反应液温度不再升高，且有下降趋势时，再继续滴加，控制反应温度在 50～55℃，不要超过 60℃[注2]，若超过 60℃可用冷水浴冷却，温度不足时在热水浴中加热。滴加的过程 1h 左右，加料完毕后，在 55～60℃的热水浴中继续搅拌约 20min 后反应结束[注3]。

2. 产品的精制

在冷水浴中将混合物冷却，然后移入 100mL 分液漏斗中，静置分层，判断混酸和硝基苯各在哪一层。放出混酸，回收到指定的试剂瓶中，将粗硝基苯[注4]倒入盛有等体积水的烧杯中，用玻璃棒充分搅拌后倒入分液漏斗中，静置后，将下层的硝基苯分出，用同样的方法再用 10%的碳酸钠溶液和水各洗一次[注5]，二次水洗后把硝基苯倒入干燥的小锥形瓶中，加入无水氯化钙，间歇振荡锥形瓶，然后静置，待液体澄清后，把澄清透明的液体滤到 50mL 蒸馏瓶中，连接空气冷凝管，在石棉网上加热蒸馏，收集 204～210℃的馏分[注6]。

3. 产品的鉴定

取少量干燥后的硝基苯，利用红外光谱仪来鉴定物质的结构。与标准图谱对比，并归属出硝基苯的特征吸收峰。

【实验结果与数据处理】

实验步骤	实验现象与解释
所得硝基苯的质量：	产率：
产品的鉴定	红外光谱特征吸收峰值：

【实验注意事项】

[1] 苯和混酸不互溶，呈现两相，为了增加反应物之间的接触面，反应中要一直搅拌。

[2] 温度超过 60℃后，一是会有较多的副产物二硝基苯生成，二是部分硝酸和苯挥发逸出，使产率下降。

[3] 用吸管吸取少量上层清液，滴到饱和食盐水溶液中，当观察到油珠下降时，表示硝化反应已经完成。

[4] 硝基苯毒性很大，如果硝基苯滴到皮肤上，皮肤可以吸收而引起中毒，所以要及时处理。先用少量的酒精擦洗，然后用温热的肥皂水洗涤。吸入较多的蒸气时也能中毒，所以实验中要注意实验室的通风。

[5] 硝基苯用碱液洗过，再二次水洗时，很容易发生乳化而形成很难分层的乳浊液，若久置不分层时可加入少量酒精，静置后即可分层，也可以放在热水浴中温热破乳。

[6] 注意切勿将液体蒸干，避免残留在烧瓶中的二硝基苯在高温下分解而引起爆炸。

【思考题】

1. 在制备混酸时，可以将浓硝酸加入浓硫酸中吗？

2. 硝化反应时如果温度较高，将会产生什么样的后果？

3. 粗硝基苯精制时，依次用水、10%的碳酸钠、水洗涤，它们的作用分别是什么？各去掉哪些杂质？

【e网链接】

1. http://blog.sina.com.cn/s/blog_50c1c4ce0100dfhu.html

2. http://wenku.baidu.com/link?url=o3Ps0KR83aO2X42Y10LXTyoak03BLCEOcwhR0AHD4Ww9D3UEbdOqjx-MdSYADN1byyHfP6pehScE4BjiUL3yteEQds0XKB9MZpAQQpEZtju

3. http://sdbs.db.aist.go.jp/sdbs/cgi-bin/direct_frame_top.cgi

[附图]

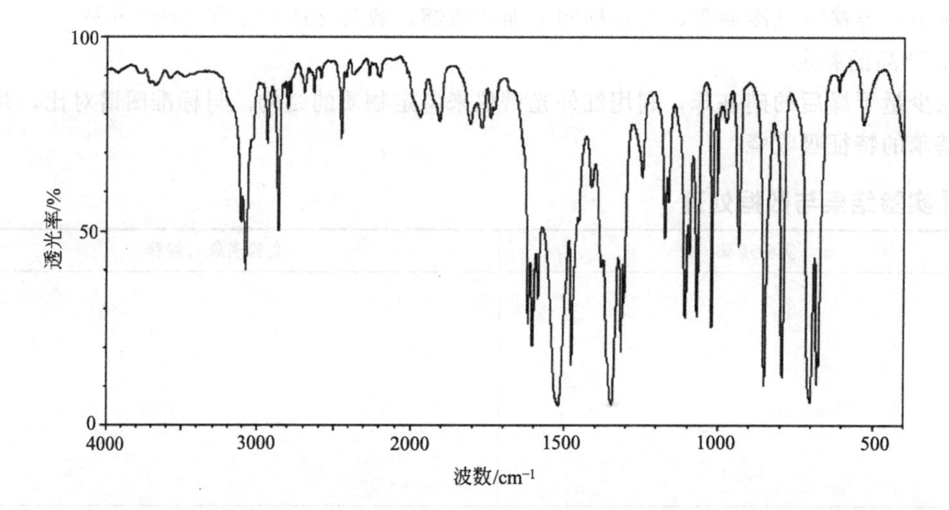

3108	60	1772	74	1416	68	1176	46	976	74	NO_2
3078	38	1620	25	1382	39	1163	55	935	44	
2935	70	1607	20	1363	17	1108	26	852	10	
2861	49	1689	31	1347	6	1096	42	794	12	
2453	72	1521	4	1317	18	1070	26	709	5	
1906	74	1479	14	1308	30	1022	24	682	10	
1808	74	1466	50	1248	62	1004	67	676	14	

硝基苯的红外光谱图

实验14 2-甲基2-己醇的制备

【实验目的与要求】

1. 了解格氏反应在有机合成中的应用及制备方法；

2. 掌握制备格氏试剂的基本操作；

3. 熟练掌握蒸馏和干燥的实验操作。

【实验原理】

卤代烷在无水乙醚等溶剂中和金属镁作用后生成的烷基卤化镁 RMgX 称为格氏（Grignard）试剂：

$$RX + Mg \xrightarrow{\text{无水乙醚}} RMgX$$

芳香族氯化物和乙烯基氯化物，在乙醚为溶剂的情况下，不生成格氏试剂。但若是改成沸点较高的四氢呋喃做溶剂，则它们也能生成格氏试剂，且操作比较安全。

格氏试剂能与环氧乙烷、醛、酮、羧酸酯等进行加成反应，将此加成产物水解，便可分别得到伯醇、仲醇、叔醇。结构复杂的醇，和取代烷基不同的叔醇的制备，不论是实验室还是工业上，格氏反应常常是最主要也最有效的方法。

格氏反应必须在无水和无氧的条件下进行。因为微量水分的存在，不但会阻碍卤代烷和镁之间的反应，同时还会破坏格氏试剂。即：

$$RMgX + H_2O \longrightarrow RH + Mg(OH)X$$

格氏试剂遇氧后发生如下反应：

$$RMgX + [O] \longrightarrow ROMgX \xrightarrow{H_2O,\ H^+} ROH + Mg(OH)X$$

因此，反应时最好用氮气赶走反应瓶中的空气。当用无水乙醚做溶剂时，由于乙醚的挥发性大，也可以借此赶走反应瓶中的空气。

此外，在格氏反应过程中有热量放出，所以滴加 RX 的速度不宜太快。必要时反应瓶需用冷水冷却。在制备格氏试剂时，必须先加入少量的卤代烷和镁作用，待反应引发后，再将其余的卤代烷逐滴加入，调节滴加速度，使乙醚溶液保持微沸为宜。对于活性较差的卤代烷或反应较难发生时，可采用轻微加热或加入少量的碘粒来引发反应。

格氏试剂与醛、酮等形成的加成物，通常用稀盐酸或稀硫酸进行水解，以使产生的碱式卤化镁转变成易溶于水的镁盐，便于使乙醚溶液和水溶液分层。由于水解时放热，故要在冷却下进行。对于遇酸极易脱水的醇，最好用氯化铵溶液进行水解。

本实验的反应式为：

$$n\text{-}C_4H_9Br + Mg \xrightarrow{\text{无水乙醚}} n\text{-}C_4H_9MgBr$$

$$n\text{-}C_4H_9MgBr + H_3C-\overset{\overset{\displaystyle O}{\|}}{C}-CH_3 \xrightarrow{\text{无水乙醚}} n\text{-}C_4H_9\underset{\underset{\displaystyle OMgBr}{|}}{C}(CH_3)_2$$

$$n\text{-}C_4H_9\underset{\underset{\displaystyle OMgBr}{|}}{C}(CH_3)_2 + H_2O \xrightarrow{H^+} n\text{-}C_4H_9\underset{\underset{\displaystyle OH}{|}}{C}(CH_3)_2$$

【仪器、试剂与材料】

1. 仪器：250mL 三口瓶，搅拌器，球形冷凝管，直形冷凝管，恒压滴液漏斗，分液漏斗，100mL 圆底烧瓶，50mL 圆底烧瓶，接引管，锥形瓶。

2. 试剂和材料：镁（新制），无水乙醚（自制），乙醚（C. P.），正溴丁烷（C. P.），丙酮（C. P.），无水碳酸钾（C. P.），10%硫酸溶液，5%碳酸钠溶液。

主要反应物和生成物的物理常数：

试剂名称	相对分子质量	熔点/℃	沸点/℃	相对密度 d_4^{20}	水溶性
正溴丁烷	137.02	−112.4	101.6	1.2764	不溶于水
乙醚	74.12	−116.3	34.5	0.7138	微溶于水
2-甲基-2-己醇	116.20	—	143	0.8119	微溶于水

【实验步骤】

1. 产品的制备

在干燥的 250mL 三口瓶[注1]中，加入 3.1g（0.13mol）镁屑[注2]，安装上搅拌器[注3]、带有无水氯化钙干燥管的冷凝管和恒压滴液漏斗，在恒压滴液漏斗中加入 17g（13.6mL，0.13mol）正溴丁烷和 55mL 无水乙醚混合液。先往三口瓶中滴入 10～15mL 混合液。待反应开始后[注4]，开动搅拌，滴入其余的正溴丁烷-乙醚溶液。控制滴加速度，维持乙醚溶液呈微沸状态。滴加完毕，加热回流 15～20min，使镁屑反应完全。

在不断搅拌和冷水浴冷却下，从滴液漏斗缓缓滴入 7.5g（9.5mL，0.13mol）丙酮和 10mL 无水乙醚混合液，滴加速度以维持乙醚微沸为宜。滴加完毕，室温搅拌 15min，三口瓶中可能有灰白色黏稠状固体析出。

2. 产品的精制

将反应瓶用冷水浴冷却，搅拌下从滴液漏斗逐滴加入 100mL 10%硫酸溶液以分解加成产物。分解完全后，将混合液倒入分液漏斗中，分出有机层，水层每次用 15mL 乙醚萃取两次，合并有机层和萃取液，用 30mL 5%碳酸钠溶液洗涤一次。有机层用无水碳酸钾干燥后，滤入干燥的 100mL 圆底烧瓶中，先在 80℃以下蒸去乙醚，乙醚回收。残留物移入 50mL 圆底烧瓶中，进行蒸馏，收集 137～141℃的馏分。干燥，称重，计算产率。

3. 产品的鉴定

取少量干燥后的 2-甲基-2-己醇，利用红外光谱仪来鉴定物质的结构。与标准图谱对比，并归属出 2-甲基-2-己醇的特征吸收峰。

【实验结果与数据处理】

<table>
<tr><th colspan="2">实验步骤</th><th>实验现象与解释</th></tr>
<tr><td colspan="2"></td><td></td></tr>
<tr><td colspan="2">所得 2-甲基-2-己醇的质量：</td><td>产率：</td></tr>
<tr><td>产品的鉴定</td><td colspan="2">红外光谱特征吸收峰值：</td></tr>
</table>

【实验注意事项】

[1] 所有反应仪器必须充分干燥。仪器在烘箱中烘干，取出稍冷后放入干燥器冷却，或开口处用塞子塞住进行冷却，防止冷却过程中玻璃壁吸附空气中的水分；所用的正溴丁烷用无水氯化钙干燥，丙酮用无水碳酸钾干燥，并均须蒸馏。

[2] 镁屑应用新刨制的。若镁屑因放置过久出现一层氧化膜，可用 5%盐酸溶液浸泡数分钟，抽滤除去酸液，依次用水、乙醇、乙醚洗涤，抽干后置于干燥器中备用。

[3] 本实验的搅拌棒可以用橡胶圈封，应用石蜡油润滑，不可用甘油润滑。

[4] 在反应引发开始时，镁表面有明显气泡形成，溶液出现轻微浑浊，乙醚开始回流。若5min仍不反应，可稍加温热，或在温热前加一小粒碘促使反应开始。

【思考题】

1. 本实验在将格氏试剂加成物水解前的各步中，为什么使用的药品、仪器均须绝对干燥？应采取什么措施？

2. 反应若不能立即开始，应采取哪些措施？若反应未真正开始，却加入了大量的正溴丁烷，后果如何？

3. 实验有哪些副反应？应如何避免？

【e网链接】

1. http://wenwen. soso. com/z/q107645187. htm

2. http://sdbs. db. aist. go. jp/sdbs/cgi-bin/direct _ frame _ top. cgi

[附图]

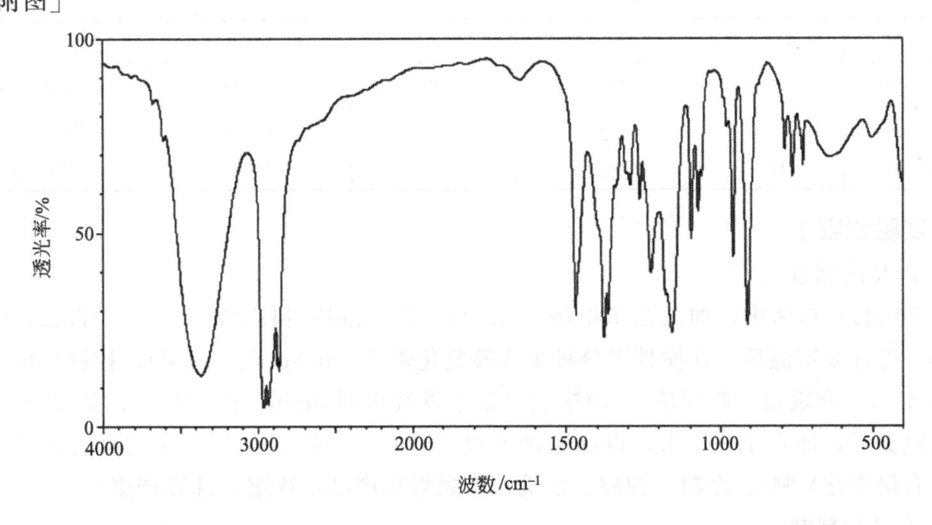

3682	79	1661	86	1262	67	968	42
3613	72	1646	86	1226	38	910	25
3370	12	1469	27	1159	23	789	68
2964	4	1378	22	1096	46	766	62
2933	5	1365	27	1074	53	731	64
2875	14	1305	62	1062	82	502	72
2864	13	1292	60	980	74		

$CH_3-(CH_2)_3-C(OH)(CH_3)-CH_3$

2-甲基-2-己醇的红外光谱图

实验15 二苯甲醇的制备

【实验目的与要求】

1. 学习、掌握硼氢化钠还原醛酮制备醇的原理；

2. 掌握硼氢化钠还原醛酮制备醇的基本操作；

3. 掌握硼氢化钠的化学性质。

【实验原理】

二苯甲醇可以通过还原二苯甲酮制备。在碱性醇溶液中用锌粉还原是制备常用的方法。硼氢化钠还原是实验室制备的较好方法。反应可以在醇、含水醇溶剂中使用，操作方便，使用安全。

反应式：

二苯甲酮（O）$\xrightarrow[\text{EtOH, }H_2O]{NaBH_4}$ 二苯甲醇（OH）

【仪器、试剂与材料】

1. 仪器：50mL 圆底烧瓶，球形冷凝管，磁力搅拌器，油浴，控温仪，变压器，真空循环水泵，抽滤瓶，布氏漏斗。

2. 试剂和材料：二苯甲酮（C. P.），硼氢化钠（A. R.），乙醇（95%，C. P.），盐酸（10%），石油醚（b. p. 60～90℃，A. R.），滤纸。

主要反应物和生成物的物理常数：

试剂名称	相对分子质量	熔点/℃	沸点/℃	相对密度 d_4^{20}	水溶性
二苯甲酮	182.22	48～49	305	1.1146	不溶于水
二苯甲醇	184.24	69	297～298	1.102	极微溶于水
硼氢化钠	37.83	400(分解)	—	1.074	溶于水

【实验步骤】

1. 产品的制备

在 50mL 三口瓶中，加入二苯甲酮 3.0g（16.5 mmol）和乙醇（95%）17mL，微热使之溶解。冷却至室温后，在搅拌下分批加入硼氢化钠[注1] 0.3g（8 mmol），控制反应温度不超过 40℃（注意观察实验现象），加毕在室温下继续振摇 5min，然后加热回流 15～20min。冷却至室温后，加入 17mL 水，再逐滴加入盐酸（10%）约 3mL，至无大量气泡产生（注意观察有何变化）[注2]。冷却，抽滤、水洗，干燥得粗产品，称重，计算产率。

2. 产品的精制

粗品可用石油醚（沸点温度 60～90℃）重结晶，得纯二苯甲醇。

3. 产品的鉴定

取少量干燥后的二苯甲醇，先用熔点测定仪测定熔点，并记录。再用溴化钾压片，利用红外光谱仪来鉴定物质的结构。与标准图谱对比，并归属出二苯甲醇的特征吸收峰。

【实验结果与数据处理】

<table>
<tr><th>实验步骤</th><th colspan="2">实验现象与解释</th></tr>
<tr><td></td><td colspan="2"></td></tr>
<tr><td>所得二苯甲醇的质量：</td><td colspan="2">产率：</td></tr>
<tr><td rowspan="2">产品的鉴定</td><td colspan="2">熔点：</td></tr>
<tr><td colspan="2">红外光谱特征吸收峰</td></tr>
</table>

【实验注意事项】

1. 硼氢化钠易吸潮，具有腐蚀性。称量操作应快速，注意勿触及皮肤。
2. 加入盐酸将会产生大量气体，为什么？因此滴加不宜太快。

【思考题】

1. 写出硼氢化钠还原二苯甲酮的反应机理。
2. 硼氢化钠和四氢锂铝的还原反应特点有何区别？
3. 使用硼氢化钠和四氢锂铝对溶剂的要求有何不同？

【e网链接】

1. http://wenku. baidu. com/view/02f627b565ce050876321394. html
2. http://wenku. baidu. com/view/55c24b4333687e21af45a997. html
3. http://wenku. baidu. com/view/1cc6edeae009581b6bd9eb87. html
4. http://sdbs. db. aist. go. jp/sdbs/cgi-bin/direct _ frame _ top. cgi

[附图]

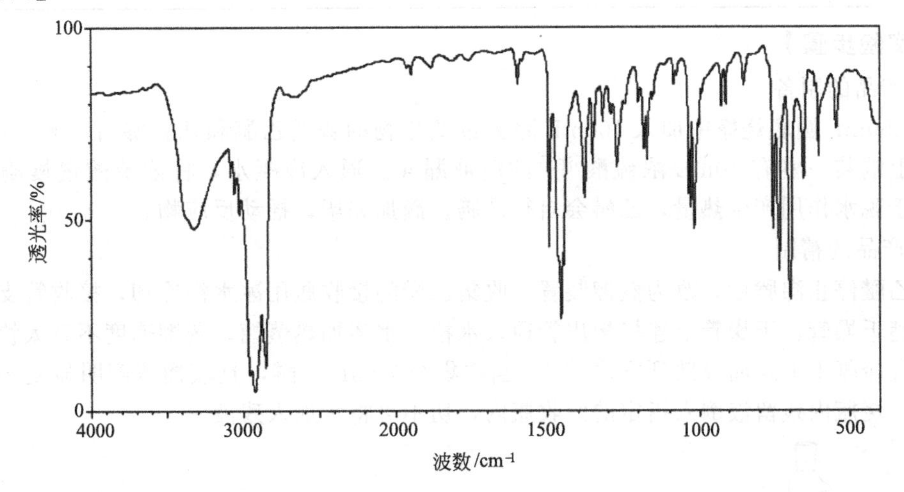

3326	46	2866	10	1346	72	1166	77	911	77
3085	58	1495	41	1317	72	1037	53	754	46
3059	55	1458	25	1289	74	1032	50	735	35
3027	49	1446	36	1270	60	1019	46	698	27
2958	8	1378	53	1201	77	1003	70	655	58
2924	4	1367	70	1182	86	992	79	603	64
2868	17	1361	62	1172	62	927	77	644	70

CH
OH

二苯甲醇的红外光谱图

实验 16　无水乙醚的制备

【实验目的与要求】

1. 掌握实验室制备无水乙醚的原理；
2. 掌握实验室制备无水乙醚的方法；
3. 熟练掌握乙醚的性质。

【实验原理】

普通乙醚中常含有一定量水、乙醇及少量的过氧化物等杂质，这对于要求以无水乙醚作溶剂的反应（如 Grignard 反应），不仅影响反应的进行，且易发生危险。试剂级的无水乙醚，往往也不符合要求，且价格较贵，因此在实验室中常需自行制备。制备无水乙醚时首先要检验有无过氧化物。为此取少量乙醚与等体积的 2%碘化钾溶液，加入几滴稀盐酸一起振荡，若能使淀粉溶液呈紫色或蓝色，即证明有过氧化物的存在。除去过氧化物可在分液漏斗中加入普通乙醚和相当于乙醚体积 1/5 的新配制硫酸亚铁溶液[注1]，剧烈摇动后分去水溶液。除去过氧化物后，按照下述步骤进行精制。

【仪器、试剂与材料】

1. 仪器：250mL 圆底烧瓶，滴液漏斗，球形冷凝管，直形冷凝管，接引管，锥形瓶，氯化钙干燥管，橡皮管，酒精灯，烧杯。

2. 试剂和材料：乙醚（C. P.），金属钠（C. P.），浓硫酸（98%，C. P.），冰。

主要反应物和生成物的物理常数：

试剂名称	相对分子质量	熔点/℃	沸点/℃	相对密度 d_4^{20}	水溶性
无水乙醚	74.12	−116.3	34.51	0.7138	微溶于水

【实验步骤】

1. 产品的制备

在 250mL 圆底烧瓶中加入 100mL 除去过氧化物的普通乙醚和几粒沸石，装上冷凝管。冷凝管上端装一盛有 10mL 浓硫酸[注2]的滴液漏斗。通入冷凝水，将浓硫酸慢慢滴入乙醚中，由于脱水作用产生热量，乙醚会自行沸腾。滴加完毕，摇动反应物。

2. 产品的精制

待乙醚停止沸腾后，改为蒸馏装置。收集乙醚的接收瓶用冰水浴冷却，接收管支管上连一氯化钙干燥管，干燥管上连接橡皮管通入水槽。水浴加热蒸馏，蒸馏速度不宜太快，以免乙醚蒸气冷凝不下来而逸散到室内[注3]。当收集约 70mL 乙醚，且蒸馏速度明显变慢时，停止蒸馏。烧瓶内残留液倒入指定的回收瓶内，切不可将水加入残液中。

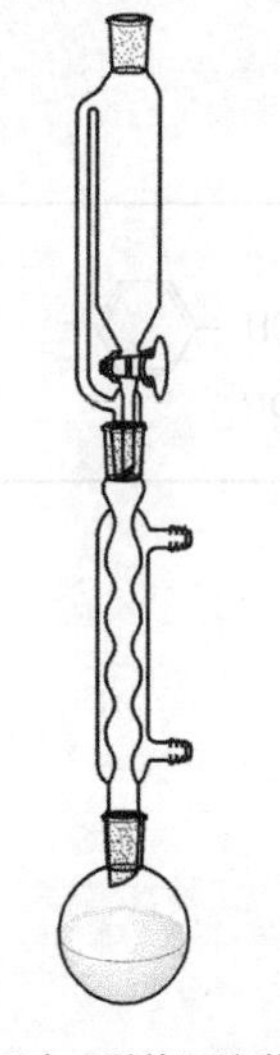

制备无水乙醚的回流装置

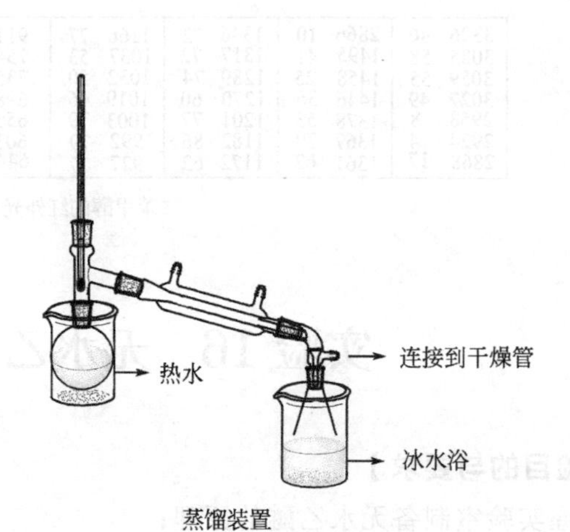

蒸馏装置

将蒸馏收集的乙醚倒入干燥的锥形瓶中，加入 1g 钠屑或钠丝，用加有氯化钙的干燥管塞住，或用插有一末端拉成毛细管的玻璃管的橡皮塞塞住，这样可以防止潮气侵入并可使产生的气体逸出。放置 24 h 以上，使乙醚中残留的少量水和乙醇转化为氢氧化钠和乙醇钠。如不再有气泡逸出，同时钠的表面较好，则可储放备用。如放置后金属钠表面已全部发生作用，需重新压入少量钠丝，放置至无气泡发生。这种无水乙醚可符合一般无水要求[注4]。本实验约需 4 h。

【实验结果与数据处理】

实验步骤	实验现象与解释
所得无水乙醚的质量：	产率 ：
产品的鉴定	红外光谱特征吸收峰：

【实验注意事项】

[1] 硫酸亚铁溶液的配制：在 110mL 水中加入 6mL 浓硫酸，然后加入 60g 硫酸亚铁。硫酸亚铁溶液久置后容易氧化变质，因此需要在使用前临时配制。使用较纯的乙醚制取无水乙醚时，可免去硫酸亚铁溶液洗涤。

[2] 也可以在 100mL 乙醚中加入 4～5g 无水氯化钙代替浓硫酸作干燥剂，并在下步操作中用五氧化二磷代替金属钠而制得合格的无水乙醚。

[3] 乙醚沸点低（34.51℃），极易挥发（20℃时蒸气压为 58.9kPa），且其蒸气比空气重（约为空气的 2.5 倍），容易聚集在桌面附近或低凹处。当空气中含有 1.85%～36.5%的乙醚蒸气时，遇火即会发生燃烧爆炸。故在使用和蒸馏过程中，一定要小心谨慎，远离火源。尽量不让乙醚蒸气散发到空气中，以免造成意外。

[4] 如需要更纯的乙醚时，可在除去过氧化物后，再用 0.5%高锰酸钾溶液与乙醚共同振摇，使其中含有的醛类氧化成酸，然后依次用 5%氢氧化钠溶液洗涤、水洗涤，经干燥、蒸馏后再压入钠丝。

【思考题】

1. 本实验中，为什么要水浴加热而且蒸馏速度不能很快？
2. 如果乙醚蒸气逸散到室内会产生什么后果？

【e 网链接】

1. http://emuch.net/html/200611/350133.html
2. http://sdbs.db.aist.go.jp/sdbs/cgi-bin/direct_frame_top.cgi

[附图]

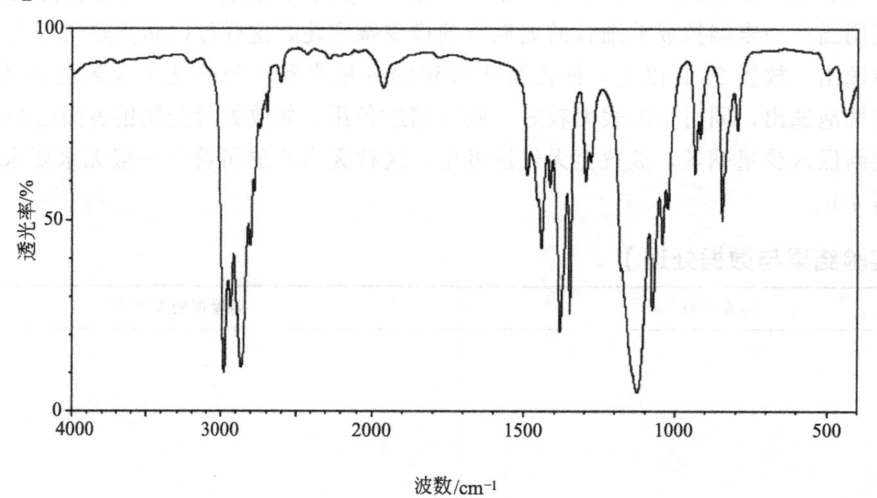

2989	17	2683	74	1383	20	1024	60
2979	9	2604	81	1351	24	935	58
2935	26	1962	81	1297	58	917	68
2868	10	1490	68	1279	62	846	47
2804	41	1457	53	1126	4	794	70
2777	55	1444	41	1077	25	501	84
2743	70	1416	57	1043	42	438	74

$CH_3—CH_2—O—CH_2—CH_3$

乙醚的红外光谱图

实验 17　正丁醚的制备

【实验目的与要求】

1. 掌握由正丁醇制备正丁醚的实验室法；
2. 学习使用分水器的实验操作；
3. 熟练掌握萃取、干燥和蒸馏等基本操作。

【实验原理】

在实验室和工业上都采用正丁醇在浓硫酸催化剂存在下脱水制备正丁醚。在制备正丁醚时，由于原料正丁醇（沸点 117.7℃）和产物正丁醚（沸点 142℃）的沸点都较高，故可使反应在装有水分离器的回流装置中进行，控制加热温度，并将生成的水或水的共沸物不断蒸出。虽然蒸出的水中会夹有正丁醇等有机物，但是由于正丁醇等在水中溶解度较小，相对密度又较水轻，浮于水层之上，因此借水分离器可使大部分的正丁醇等自动连续地返回反应瓶中，而水则沉于水分离器的下部，根据蒸出的水的体积，可以估计反应的进行程度。

反应式：$2CH_3CH_2CH_2CH_2OH \xrightarrow[134\sim135℃]{H_2SO_4} CH_3CH_2CH_2CH_2OCH_2CH_2CH_2CH_3 + H_2O$

副反应：　$CH_3CH_2CH_2CH_2OH \xrightarrow[>135℃]{H_2SO_4} CH_3CH_2CH{=}CH_2 + H_2O$

【仪器、试剂与材料】

1. 仪器：100mL三口瓶，温度计，分水器，球形冷凝管，电热套，分液漏斗，100mL烧瓶，接引管，蒸馏头，锥形瓶，沸石，塞子。

2. 试剂和材料：正丁醇（C. P.），98%浓硫酸，无水氯化钙。

主要反应物和生成物的物理常数：

试剂名称	相对分子质量	熔点/℃	沸点/℃	相对密度 d_4^{20}	水溶性
正丁醇	74.12	−88.9	117.7	0.8098	溶于水
正丁醚	130.23	−97.9	142.0	0.7689	不溶于水

【实验步骤】

1. 产品的制备

在干燥的100mL三口瓶中，加入12.5g（15.5mL，0.17mol）正丁醇、4g（2.2mL）浓硫酸和几粒沸石，摇匀。三口瓶一侧安装温度计，温度计的水银球必须浸入液面以下。另一侧口塞住，中口装上分水器，分水器上端接一回流冷凝管，在分水器中注满正丁醇。用电热套小心加热烧瓶，使瓶内液体微沸，回流分水。反应生成的水以共沸物形式蒸出，经冷凝后收集在分水器下层[注1]，上层较水轻的有机相返回反应瓶中[注2]。当瓶内温度升至135℃左右，分水量达计算值并不再有水分出时停止反应，反应需1.5h。

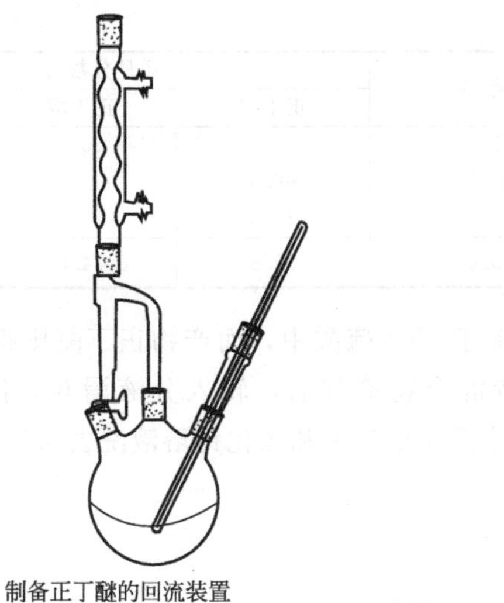

制备正丁醚的回流装置

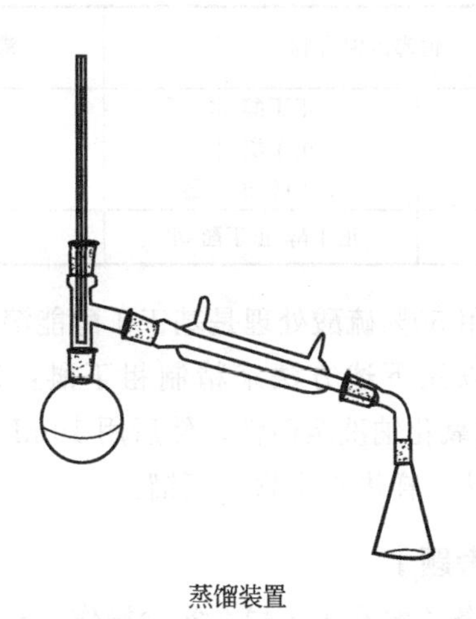

蒸馏装置

2. 产品的精制

反应物冷却至室温，把混合物连同分水器里的水一起倒入盛有25mL水的分液漏斗中，充分振摇，静置后弃去水层。有机层依次用16mL 50%硫酸分两次洗涤[注3]、10mL水洗涤，然后用无水氯化钙干燥。将干燥后的产物滤入蒸馏瓶中蒸馏，收集139～142℃馏分。产量5～6g，产率约50%。本实验需5～6h。

3. 产品的鉴定

取少量干燥后的正丁醚，利用红外光谱仪来鉴定物质的结构。与标准图谱对比，并归属出正丁醚的特征吸收峰。

【实验结果与数据处理】

实验步骤	实验现象与解释

所得正丁醚的质量：	产率：
产品的鉴定	红外光谱特征吸收峰值

【实验注意事项】

[1] 如果从醇转变为醚的反应是定量进行的话，那么反应中应该被除去的水的量可以从下式来估算。

例 本实验是用12.5g正丁醇脱水制正丁醚，那么应该脱去的水量是：

$$\frac{12.5\text{g}\times 18\text{g/mol}}{2\times 74\text{g/mol}}=1.52\text{g}$$

[2] 本实验利用恒沸点混合物蒸馏的方法将反应生成的水不断从反应中除去。正丁醇、正丁醚和水可能生成以下几种恒沸点混合物。

反应开始后，生成的水以共沸物形式不断排出，瓶内主要是正丁醇和正丁醚，反应物温度维持118～120℃，随着反应的进行，温度逐渐升高，反应后期温度可达140℃。分水器全部被水充满后即可停止反应。

恒沸点混合物		沸点/℃	质量分数/%		
			正丁醚	正丁醇	水
二元	正丁醇-水	93.0		55.5	45.5
	正丁醚-水	94.1	66.6		33.4
	正丁醇-正丁醚	117.6	17.5	82.5	
三元	正丁醇-正丁醚-水	90.6	35.5	34.6	29.9

[3] 用50%硫酸处理是基于丁醇能溶解于50%硫酸中，而产物正丁醚则很少溶解的原理。也可以用下述方法来精制粗丁醚：待混合物冷却后，转入分液漏斗，仔细用20mL 2mol/L氢氧化钠洗至碱性，然后用10mL水及10mL饱和氯化钙溶液洗去未反应的正丁醇，以后如前法一样进行干燥、蒸馏。

【思考题】

1. 制备乙醚和正丁醚在实验操作上有什么不同？

2. 为什么要将混合物倒入25mL水中？各步洗涤的目的是什么？

3. 能否用本实验的方法由乙醇和2-丁醇制备乙基仲丁基醚？你认为应用什么方法比较合适？

【e网链接】

1. http://www.chinabaike.com/z/keji/shiyanjishu/2011/0116/179601.html
2. http://wenwen.soso.com/z/q100728327.htm
3. http://sdbs.db.aist.go.jp/sdbs/cgi-bin/direct_frame_top.cgi

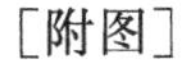
[附图]

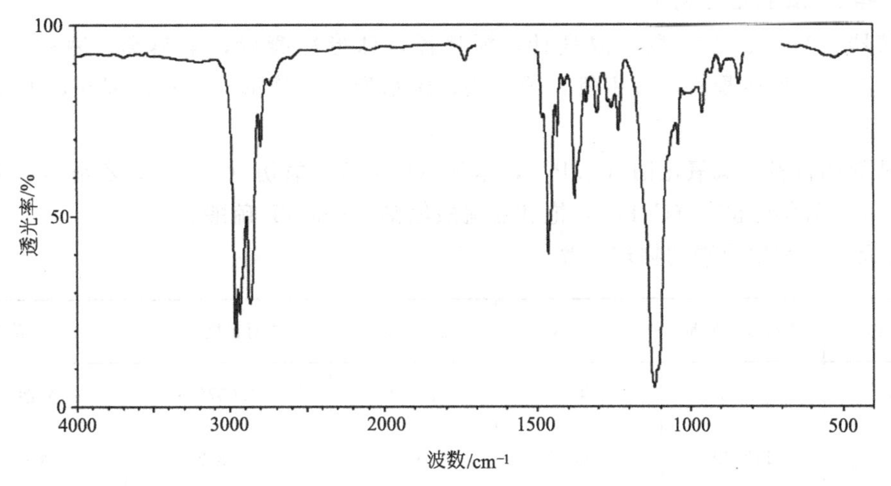

2962	17	1434	68	1266	74	900	84
2934	23	1412	81	1233	70	894	86
2866	26	1378	52	1120	4	842	81
2796	66	1368	64	1108	9		
2734	81	1336	77	1040	66		
1466	38	1303	74	1003	79		
1467	46	1267	77	962	74		

$CH_3—(CH_2)_3—O—(CH_2)_3—CH_3$

正丁醚的红外光谱图

实验 18 水杨醛的制备

【实验目的与要求】

1. 学习由苯酚、氯仿在碱的作用下，通过瑞穆尔-蒂曼（Reimer-Tiemann）反应制备水杨醛和对羟基苯甲醛；
2. 掌握水蒸气蒸馏分离异构体的方法；
3. 熟练掌握乙醚萃取的基本操作。

【实验原理】

苯酚、氢氧化钠水溶液和氯仿一起反应，生成邻羟基苯甲醛（水杨醛）和少量对羟基苯甲醛（Reimer-Tiemann）。

反应式：

$$C_6H_5OH \xrightarrow[OH^-]{CHCl_3} o\text{-}HOC_6H_4CHO + p\text{-}HOC_6H_4CHO$$

这是工业上制备水杨醛的主要方法，该反应操作方便，但转化率一般不高，且产生大量树脂状副产物。近期对该反应催化剂的研究已大大改变了这种状况。邻羟基苯甲醛和少量对羟基苯甲醛可以通过水蒸气蒸馏加以分离。本实验采用此方法。

【仪器、试剂与材料】

1. 仪器：250mL 三口瓶，温度计，搅拌器，球形冷凝管，电热套，酒精灯，烧杯，100mL 烧瓶，直形冷凝管，接引管，蒸馏头，锥形瓶，分液漏斗，布氏漏斗，抽滤瓶，真空循环水泵。

2. 试剂和材料：氢氧化钠（C. P.），苯酚（C. P.），氯仿（C. P.），乙醚（C. P.），乙醇（C. P.），无水硫酸镁（C. P.），饱和亚硫酸氢钠，3mol/L 硫酸。

主要反应物和生成物的物理常数：

试剂名称	相对分子质量	熔点/℃	沸点/℃	相对密度 d_4^{20}	水溶性
苯酚	94.11	43	181.4	1.0576	微溶于水
氯仿	119.39	−63.5	61.2	1.4832	微溶于水
水杨醛	122.13	1～2	197	1.1674	微溶于水
对羟基苯甲醛	122.13	116.4～117(升华)	—	1.1431	微溶于水

【实验步骤】

1. 产品的制备

在装有温度计、搅拌器和回流冷凝管的 250mL 三口瓶中，加入 40g 氢氧化钠溶于 40mL 水中的溶液，12.5g（0.133mol）苯酚[注1]溶于 12.5mL 水中的溶液。将烧瓶内温度调至 60～65℃[注2]，不允许酚钠结晶析出。将 30g（20.3mL，0.25mol）氯仿分三次、间隔 10min 自冷凝管顶端加入。在加氯仿期间，充分搅拌反应液并将温度控制在 65～70℃。最后在沸水浴上（或用电热套）加热 0.5h，以使反应完全。

2. 产品的精制

水蒸气蒸馏除去过量的氯仿[注3]，冷却烧瓶并用 6mol/L 硫酸酸化橙色残留物，再进行水蒸气蒸馏，直至无油状物馏出为止，残留物用于离析对羟基苯甲醛。馏出液移入分液漏斗，分出油状物水杨醛，用 15mL 乙醚萃取水层。将粗水杨醛和萃取液合并后蒸馏，将乙醚蒸出。残留物中加入约 2 倍体积的饱和亚硫酸氢钠溶液[注4]，振摇 0.5h，静置 0.5h，用布氏漏斗抽滤膏状物，依次用少量乙醇、少量乙醚洗涤，以除去苯酚。在微热条件下，用 3mol/L 硫酸分解水杨醛和亚硫酸氢钠形成的加合物。冷却，用乙醚萃取水杨醛，萃取液用无水硫酸镁干燥。将澄清溶液蒸馏，先除醚，后蒸馏残留物，收集 195～197℃的馏分，得水杨醛约 6g，产率为 37%。

为了离析对羟基苯甲醛，将水蒸气蒸馏的残留物趁热过滤，以除去树脂状物。用乙醚萃取冷的滤液，蒸去乙醚，将黄色固体用含有一些亚硫酸的水溶液重结晶，得对羟基苯甲醛约 2g，产率约 12%。本实验约需 6h。

3. 产品的鉴定

取少量干燥后的邻羟基苯甲醛，利用红外光谱仪来鉴定物质的结构。与标准图谱对比，并归属出邻羟基苯甲醛的特征吸收峰。

【实验结果与数据处理】

实验步骤	实验现象与解释
所得水杨醛的质量：	产率 ：
产品的鉴定	红外光谱特征吸收峰值

【实验注意事项】

[1] 使用苯酚的注意事项：切勿使苯酚接触皮肤，如不慎接触，可用溴-甘油饱和溶液或石灰水涂抹患处。

[2] 调节温度时，既可采用热浴，也可采用冷浴。

[3] 氯仿 20℃时在水中的溶解度为 0.82g，它可与水形成共沸物，恒沸点为 56℃，恒沸时的气相组成为：含氯仿 97%，含水 3%。

[4] 加入饱和亚硫酸氢钠溶液的目的是与水杨醛形成固体加合物。

【思考题】

1. 写出本实验中制备水杨醛的反应机理。
2. 分离水杨醛中对羟基苯甲醛主要依据它们的哪种不同性质？并从结构上加以解释。
3. 列举制备芳香醛的几种重要反应。

【e 网链接】

1. http://baike.baidu.com/view/123542.htm#4
2. http://www.cnki.com.cn/Article/CJFDTotal-HXYZ200305020.htm

[附图]

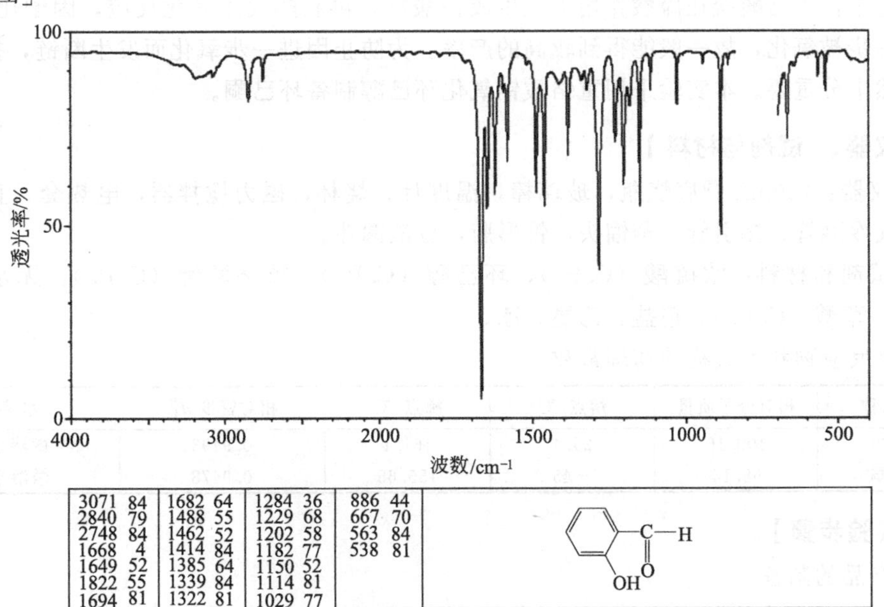

3071	84	1682	64	1284	36	886	44
2840	79	1488	55	1229	68	667	70
2748	84	1462	52	1202	58	563	84
1668	4	1414	84	1182	77	538	81
1649	52	1385	64	1150	52		
1822	55	1339	84	1114	81		
1694	81	1322	81	1029	77		

水杨醛的红外光谱图

实验 19 环己酮的制备

【实验目的与要求】

1. 学习由醇氧化制备酮的基本原理；
2. 掌握由环己醇氧化制备环己酮的实验操作；
3. 熟练掌握实验过程中氧化剂的使用方法。

【实验原理】

环己酮常用作有机合成中间体和有机溶剂。工业上最常用的制备方法是环己烷空气催化氧化和环己醇催化脱氢。例如：

$$\text{环己醇(OH)} \xrightarrow[\text{气相脱氢},250℃]{ZnO/CaO} \text{环己酮(O)}$$

在实验室中，多用氧化剂氧化环己醇，酸性重铬酸钠（钾）是最常用的氧化剂之一。例如：

$$Na_2Cr_2O_7 + H_2SO_4 \longrightarrow 2CrO_3 + Na_2SO_4 + H_2O$$

$$3\ \text{环己醇(OH)} + 2CrO_3 \longrightarrow 3\ \text{环己酮(O)} + Cr_2O_3 + 3H_2O$$

$$\text{环己醇(OH)} \xrightarrow[H_2SO_4]{Na_2Cr_2O_7} \text{环己酮(O)}$$

反应中，重铬酸盐在硫酸作用下先生成铬酸酐，再和醇发生氧化反应，因酮比较稳定，不易进一步被氧化，故一般能得到较高的产率。为防止因进一步氧化而发生断链，控制反应条件仍然十分重要。本实验采用重铬酸钠氧化环己醇制备环己酮。

【仪器、试剂与材料】

1. 仪器：250mL 圆底烧瓶，玻璃棒，温度计，烧杯，磁力搅拌器，电热套，直形冷凝管，空气冷凝管，接引管，蒸馏头，锥形瓶，分液漏斗。

2. 试剂和材料：浓硫酸（C.P.），环己醇（C.P.），重铬酸钾（C.P.），无水碳酸钾（C.P.），草酸（C.P.），精盐，乙醚，冰。

主要反应物和生成物的物理常数：

试剂名称	相对分子质量	熔点/℃	沸点/℃	相对密度 d_4^{20}	水溶性
环己醇	100.16	25.4	161.1	0.9493	微溶于水
环己酮	98.14	−45	155.65	0.9478	微溶于水

【实验步骤】

1. 产品的制备

在 250mL 圆底烧瓶中放入 60mL 冰水，慢慢加入 10mL 浓硫酸。充分混合后，搅拌下慢慢加入 10g（10.5mL，0.1mol）环己醇。在混合液中放一温度计，并将溶液温度降至

30℃以下。

将重铬酸钠 10.5g（0.035mol）溶于盛有 16mL 水的烧杯中。将此溶液分批加入圆底烧瓶中，并搅拌使之充分混合。氧化反应开始后，混合液迅速变热，且橙红色的重铬酸盐变为墨绿色的低价铬盐。当烧瓶内温度达到 55℃时，可用冷水浴适当冷却，控制温度不超过 60℃。待前一批重铬酸盐的橙色消失之后，再加入下一批。加完后继续振摇直至温度有自动下降的趋势为止，最后加入 0.5g 草酸使反应液完全变成绿色[注1]。

2. 产品的精制

反应瓶中加入 50mL 水，并改为蒸馏装置[注2]。将环己酮和水一起蒸馏出来（环己酮与水的共沸点为 95℃），直至馏出液澄清后再多蒸馏约 5mL，共收集馏液 40～45mL[注3]。将馏出液用 10g 精盐饱和，分液漏斗分出有机层，水层用 30mL 乙醚萃取 2 次，合并有机层和萃取液，无水碳酸钾干燥。粗产品进行蒸馏，先蒸出乙醚，改用空气冷凝管冷却，收集150～156℃的馏分。产品重 6～7g，产率 61%～66%。

3. 产品的鉴定

取少量干燥后的环己酮，利用红外光谱仪来鉴定物质的结构。与标准图谱对比，并归属出环己酮的特征吸收峰。

【实验结果与数据处理】

实验步骤	实验现象与解释
所得环己酮的质量：	产率：
产品的鉴定	红外光谱特征吸收峰值：

【实验注意事项】

[1] 若不除去过量的重铬酸钠，在后面蒸馏时，环己酮将进一步氧化，开环成己二酸。

[2] 这实际上是简易水蒸气蒸馏装置。

[3] 31℃时，环己酮在水中的溶解度为 2.4g，即使用盐析，仍不可避免有少量环己酮损失，故水的馏出量不宜过多。

【思考题】

1. 为什么要将重铬酸钠溶液分批加入反应瓶中？
2. 如欲将乙醇氧化成乙醛，为避免进一步氧化成乙酸应采取哪些措施？
3. 当氧化反应结束时，为何要加入草酸？

【e 网链接】

1. http://youth9900.blog.163.com/blog/static/4351142620091011113951830/

2. http://blog. sina. com. cn/s/blog _ 48ded0c90101jxk5. html
3. http://sdbs. db. aist. go. jp/sdbs/cgi-bin/direct _ frame _ top. cgi

[附图]

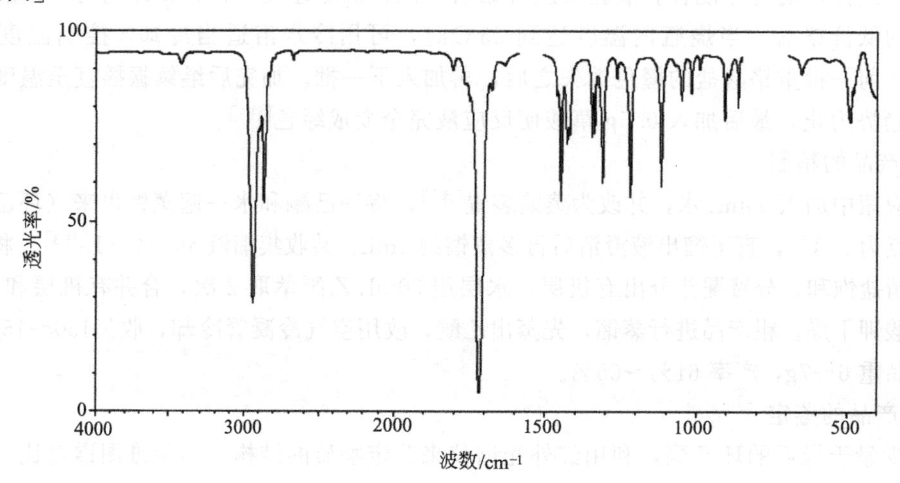

2940	26	1430	88	1119	67	491	72
2867	52	1422	70	1050	79	485	79
1804	86	1347	70	1018	81		
1717	4	1338	70	808	74		
1677	81	1311	58	896	84		
1463	79	1265	64	863	77		
1449	63	1221	63	662	86		

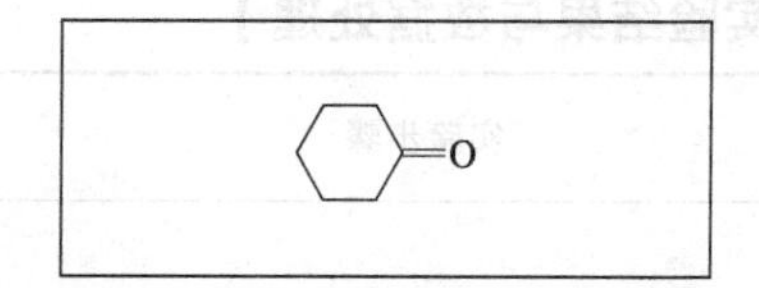

环己酮的红外光谱图

实验 20　乙酰苯胺的制备

【实验目的与要求】

1. 掌握苯胺乙酰化反应的原理；
2. 掌握苯胺乙酰化反应的实验操作；
3. 进一步熟悉固体有机物的提纯的方法——重结晶。

【实验原理】

苯胺的乙酰化在有机合成中有着重要的作用，例如保护氨基。伯芳胺和仲芳胺在合成中通常被转化为它们的乙酰化衍生物，以降低芳胺对氧化剂的敏感性或避免与其他功能基或试剂（如 RCOCl，$—SO_2Cl$、HNO_2 等）之间发生不必要的反应。同时，氨基经酰化后，降低了氨基在亲电取代（特别是卤化）中的活化能力，使其由很强的第Ⅰ类定位基变为中强度的第Ⅰ类定位基，使反应由多元取代变为有用的一元取代；由于乙酰基的空间效应，对位取代产物的比例提高。在合成的最后步骤，氨基很容易通过酰胺在酸碱催化下水解被游离出来。

芳胺可用酰氯、酸酐或冰醋酸来进行酰化，冰醋酸易得，价格便宜，但需要较长的反应时间，适合于规模较大的制备。酸酐一般来说是比酰氯更好的酰化试剂。用游离胺与纯乙酸酐进行酰化，常伴有二乙酰胺［$ArN(COCH_3)_2$］副产物的生成。但如果在醋酸-醋酸钠的缓冲溶液中进行酰化，由于酸酐的水解速率比酰化速率慢很多，可以得到高纯度的产物。但这一方法不适合于硝基苯胺和其他碱性很弱的芳胺的酰化。本实验是用冰醋酸做乙酰化试剂的。

$$C_6H_5NH_2 + CH_3COOH \longrightarrow C_6H_5NHCOCH_3 + H_2O$$

【仪器、试剂与材料】

1. 仪器：50mL 圆底烧瓶，韦氏分馏柱，温度计，烧杯，磁力搅拌器，电热套，直形冷凝管，真空接引管，锥形瓶。

2. 试剂和材料：苯胺（≥99%，C. P.），冰醋酸（≥99%，C. P.），锌粉，冰。

主要反应物和生成物的物理常数：

试剂名称	相对分子质量	熔点/℃	沸点/℃	相对密度 d_4^{20}	水溶性
苯胺	93.13	−6.3	184.4	1.0220	溶于水
冰醋酸	60.05	16.5	117.9	1.0491	与水互溶
乙酰苯胺	135.17	114	304	1.219	微溶于水

【实验步骤】

1. 产品的制备

在 50mL 圆底烧瓶中，加入 10mL（10.2g，0.11mol）苯胺[注1]、15mL（15.7g，0.26mol）冰醋酸及少量锌粉（0.1g）[注2]，装韦氏分馏头、温度计、直形冷凝管、真空接引管和接收瓶[注3]，接收瓶外部用冷水浴冷却。

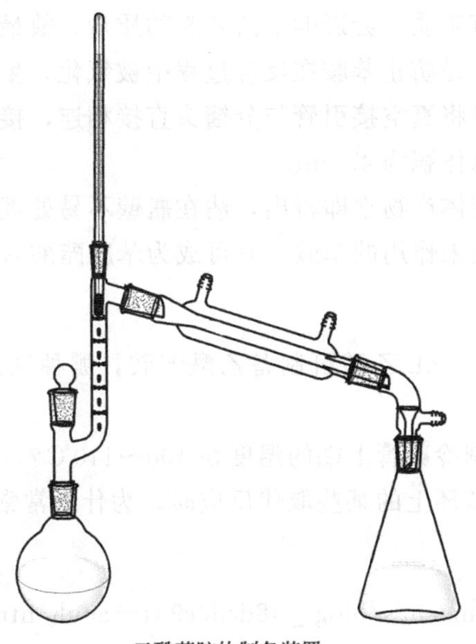

乙酰苯胺的制备装置

将圆底烧瓶缓缓加热，使反应物保持微沸约 15min。然后逐渐升高温度，当温度计读数达到 100℃左右时，支管即有液体流出。维持温度在 100～110℃之间反应约 1.5h，生成的水及大部分醋酸已被蒸出[注4]，此时温度计读数下降，表示反应已经完成。搅拌下趁热将反应物倒入 200mL 冰水中[注5]，冷却后抽滤析出的固体，用冷水洗涤。

2. 产品的精制

粗产物用水重结晶，产量 9～10g。

3. 产品的鉴定

取少量干燥后的乙酰苯胺，先用熔点测定仪测定熔点，并记录。利用红外光谱仪来鉴定物质的结构。与标准图谱对比，并归属出乙酰苯胺的特征吸收峰。

【实验结果与数据处理】

实验步骤	实验现象与解释
所得乙酰苯胺的质量：	产率 ：
产品的鉴定	熔点：
	红外光谱特征吸收峰值：

【实验注意事项】

[1] 久置的苯胺色深有杂质，会影响乙酰苯胺的质量，故最好用新蒸的苯胺。

[2] 加入锌粉的目的，是防止苯胺在反应过程中被氧化，生成有色的杂质。

[3] 因属少量制备，可将真空接引管与分馏头直接相连，接收瓶外部用冷水浴冷却。

[4] 收集醋酸及水的总体积为 4.5mL。

[5] 反应物冷却后，固体产物立即析出，沾在瓶壁不易处理。故须趁热在搅动下倒入冷水中，以除去过量的醋酸及未作用的苯胺（它可成为苯胺醋酸盐而溶于水）。

【思考题】

1. 假设用 8mL 苯胺和 9mL 乙酸酐制备乙酰苯胺，哪种试剂是过量的？乙酰苯胺的理论产量是多少？

2. 反应时为什么要控制冷凝管上端的温度在 100～110℃？

3. 用苯胺作原料进行苯环上的某些取代反应时，为什么常常先要进行酰化？

【e 网链接】

1. http://blog.sina.com.cn/s/blog_48ded0c90101aouh.html
2. http://wiki.cnki.com.cn/HotWord/6598725.htm
3. http://wuxizazhi.cnki.net/Search/HXJX606.034.html
4. http://sdbs.db.aist.go.jp/sdbs/cgi-bin/direct_frame_top.cgi

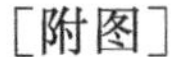
[附图]

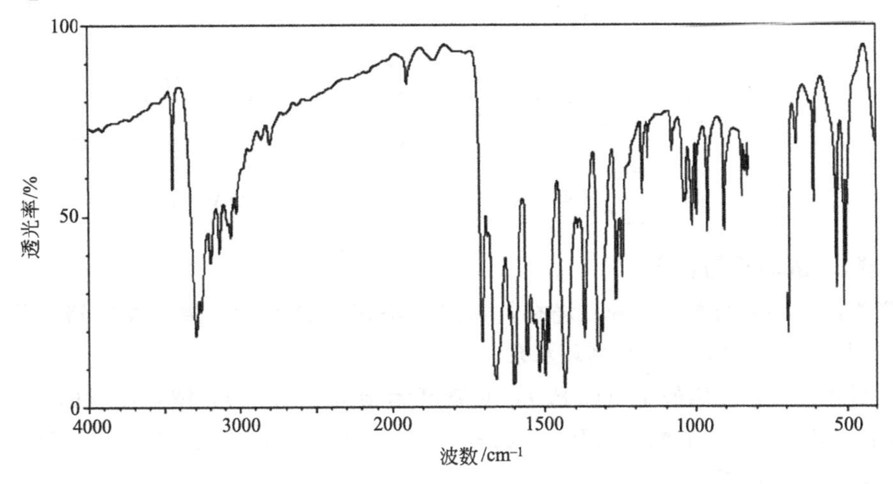

3446	66	3022	49	1499	7	1266	26	907	44
3292	17	1706	16	1489	16	1244	32	849	53
3258	23	1661	6	1437	4	1180	59	694	18
3193	36	1620	21	1393	44	1042	62	607	62
3136	38	1603	5	1370	17	1013	48	536	30
3080	46	1560	19	1324	13	999	47	511	25
3060	42	1619	8	1310	18	962	44	606	36

C_6H_5—NH—C(=O)—CH_3

乙酰苯胺的红外光谱图

实验 21　甲基橙的制备

【实验目的与要求】

1. 学习并掌握重氮化反应的理论知识和实验方法；
2. 学习并掌握重氮盐偶联反应的理论知识和实验方法；
3. 熟练掌握有机固体化合物的重结晶。

【实验原理】

甲基橙是一种很有用的酸碱指示剂，它可以通过对氨基苯磺酸的重氮化反应以及重氮盐与 *N*,*N*-二甲基苯胺的醋酸盐在弱酸性介质中进行偶联而合成。由于对氨基苯磺酸不溶于酸，因此先将对氨基苯磺酸与碱作用，得到溶解度较大的盐。重氮化时，由于溶液的酸化（亚硝酸钠加盐酸生成亚硝酸），当对氨基苯磺酸从溶液中以很细的微粒析出时，立即与亚硝酸发生重氮化反应，生成重氮盐微粒（逆重氮化法）。后者与 *N*,*N*-二甲基苯胺的醋酸盐发生偶联反应。偶联反应首先得到的是亮红色的酸式甲基橙，称为酸性黄。在碱性条件下，酸性黄转变为橙黄色的钠盐，即甲基橙。

化学反应过程如下：

$$H_2N-C_6H_4-SO_3H + NaOH \longrightarrow H_2N-C_6H_4-SO_3^-Na^+ + H_2O$$

$$H_2N-C_6H_4-SO_3^-Na^+ \xrightarrow[HCl]{NaNO_2} [HO_3S-C_6H_4-N^+\equiv N]Cl^-$$

$$[HO_3S-C_6H_4-N^+\equiv N]Cl^- \xrightarrow[HOAc]{C_6H_5N(CH_3)_2} [HO_3S-C_6H_4-N=N-C_6H_4-\overset{+}{N}H(CH_3)_2]OAc^-$$

$$[HO_3S-C_6H_4-N=N-C_6H_4-\overset{+}{N}H(CH_3)_2]OAc^- \xrightarrow{NaOH}$$

$$NaO_3S-C_6H_4-N=N-C_6H_4-N(CH_3)_2 + NaOAc + H_2O$$

【仪器、试剂与材料】

1. 仪器：100mL 烧杯，50mL 烧杯，恒温水浴锅，温度计，磁力搅拌器，胶头滴管，冰盐，布氏漏斗，抽滤瓶，真空循环水泵。

2. 试剂和材料：亚硝酸钠（C. P.），对氨基苯磺酸（C. P.），浓盐酸（C. P.），*N*,*N*-二甲基苯胺（C. P.），冰醋酸（C. P.），乙醇（95%，C. P.），乙醚（C. P.），5%氢氧化钠溶液，淀粉-碘化钾试纸。

主要反应物和生成物的物理常数：

试剂名称	相对分子质量	熔点/℃	沸点/℃	相对密度 d_4^{20}	水溶性
对氨基苯磺酸	173.2	280(分解)		1.485	微溶于冷水
N,*N*-二甲基苯胺	121.2	2.5	193	0.9563	不溶于水
甲基橙	327.07	>300	—	0.987	溶于水

【实验步骤】

（一）经典低温法

1. 重氮盐的制备

在烧杯中加入 10mL（0.013mol）5%的氢氧化钠溶液及 2.1g（0.01mol）含两个结晶水的对氨基苯磺酸晶体[注1]温热溶解后，加入 0.8g（0.11mol）亚硝酸钠 6mL 水配成的溶液，用冰盐冷却至 0～5℃。在不断搅拌下，将 3mL 浓盐酸与 10mL 水配成的溶液逐滴加到混合液中，控制温度在 5℃以下，对氨基苯磺酸重氮盐的白色针状晶体迅速析出。滴加完毕，用淀粉-碘化钾试纸检验[注2]。在冰盐浴中放置 15min，以保证完全析出[注3]。

2. 偶合

取一小烧杯加入 1.2g（0.01mol）*N*,*N*-二甲基苯胺和 1mL 冰醋酸，混合均匀。在不断搅拌下将此溶液慢慢加入到上述冷却的重氮盐溶液中。加完后，继续搅拌 10min，然后慢慢加入 25mL 5%氢氧化钠溶液，这时反应液呈碱性，烧杯中的反应物变为橙色，粗制的甲基橙呈细粒状析出[注4]。将烧杯加热 5min（100℃），冷却至室温，再用冰水冷却，使甲基橙晶体完全析出。抽滤，晶体依次用少量的水、乙醇、乙醚洗涤，压紧，抽干。

3. 产品的精制

每克粗产品用 100℃、25mL 稀氢氧化钠（含 0.1～0.2g）水溶液重结晶。待结晶完全析出后抽滤，沉淀依次用很少量的乙醇、乙醚洗涤[注5]，得到橙色的小叶片状甲基橙结晶。产量约 2.5g，产率 76%。

4. 甲基橙的鉴定

（1）取少量甲基橙溶于水，加几滴稀盐酸溶液，观察所呈现的颜色。接着用 5%氢氧化钠溶液中和，颜色有何变化？

（2）取少量干燥后的甲基橙，用溴化钾压片，利用红外光谱仪来鉴定物质的结构。与标准图谱对比，并归属出甲基橙的特征吸收峰。

（二）常温一步法[注6]

在烧杯中加入1.8g（0.01mol）无水对氨基苯磺酸、1.2g（1.3mL，0.01mol）*N*,*N*-二甲基苯胺和30mL水，温热搅拌溶解，待溶液冷却至26℃以下时，在冷水浴下搅拌滴加$NaNO_2$水溶液（0.8g $NaNO_2$溶于6mL水中），控制反应温度不超过26℃。滴加完毕，继续搅拌20min。放置10min，抽滤，得甲基橙粗品。粗品用0.5% NaOH水溶液（约45mL）重结晶。待结晶在冰水中完全析出后抽滤，沉淀依次用少量冷乙醇、乙醚洗涤，得橙色的片状晶体。产量约2.5g，产率约76%。

【实验结果与数据处理】

实验步骤	实验现象与解释
所得甲基橙的质量：	产率 ：
产品的鉴定	加盐酸后： 氢氧化钠中和后：
	红外光谱特征吸收峰值：

【实验注意事项】

1. 对氨基苯磺酸是两性化合物，酸性比碱性强，以酸性内盐存在，所以它能与碱作用成盐而不与酸作用成盐。

2. 淀粉-碘化钾试纸若不变蓝，可再补加亚硝酸钠溶液。若过量可加尿素以减少亚硝酸氧化及亚硝化等副反应。

3. 该步往往析出对氨基苯磺酸的重氮盐。这是由于重氮盐在水中可以电离，形成中性内盐（$^{-}O_3S-C_6H_4-N^{+}\equiv N$），在低温时难溶于水而形成细小晶体析出。

4. 若含有未反应的*N*,*N*-二甲基苯胺醋酸盐，在加入氢氧化钠后，就会有难溶于水的*N*,*N*-二甲基苯胺析出，影响产物纯度。湿甲基橙在空气中受光照后，颜色很快变深，所以粗产物一般是紫红色的。

5. 由于产物呈碱性，温度高易变质，颜色变深。用乙醇、乙醚洗涤的目的是使其迅速干燥。甲基橙的变色范围pH在3.2～4.4。

6. 本方法是利用原理自身的酸碱性来完成反应，如*N*,*N*-二甲基苯胺呈碱性，可增大对氨基苯磺酸的溶解性；偶合与重氮化反应于同一容器中，生成的重氮盐立即与*N*,*N*-二甲基苯胺偶合，从而减少了重氮盐分解的可能性。

【思考题】

1. 重氮盐与酚类及芳胺类化合物发生偶联反应，在什么条件下进行为宜？为什么说溶液的pH值是偶联反应的重要条件？

2. 如何判断重氮化反应的终点？如何除去过量的亚硝酸？

3. 解释甲基橙在酸碱介质中变色的原因，并用反应方程式表示。

【e网链接】

1. http://heshanshuiger.blog.163.com/blog/static/3316467200772054333615/
2. http://sdbs.db.aist.go.jp/sdbs/cgi-bin/direct_frame_top.cgi

[附图]

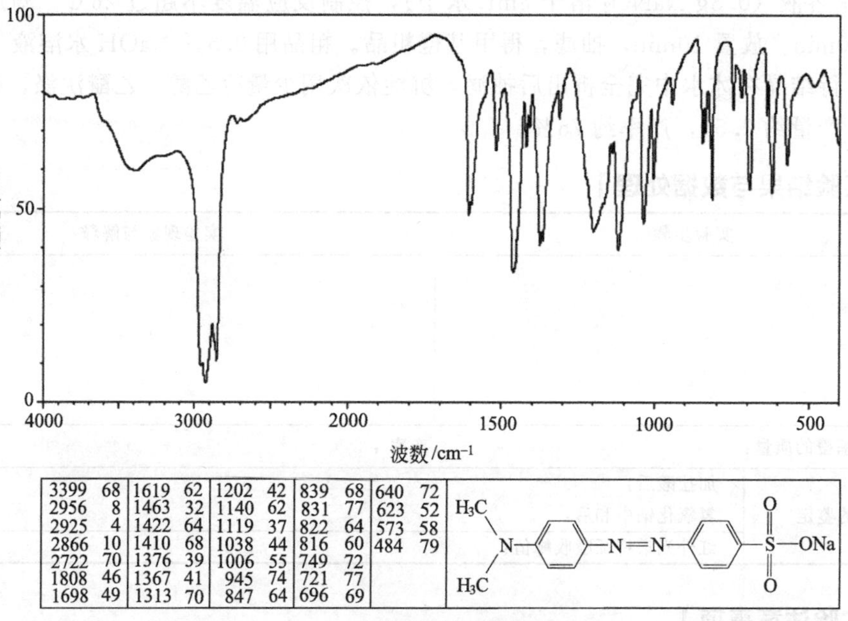

3399	68	1619	62	1202	42	839	68	640	72
2956	8	1463	32	1140	62	831	77	623	52
2925	4	1422	64	1119	37	822	64	573	58
2866	10	1410	68	1038	44	816	60	484	79
2722	70	1376	39	1006	55	749	72		
1808	46	1367	41	945	74	721	77		
1698	49	1313	70	847	64	696	69		

甲基橙的红外光谱图

实验22 呋喃甲醇和呋喃甲酸的制备

【实验目的与要求】

1. 掌握由呋喃甲醛制备呋喃甲醇和呋喃甲酸的原理和方法，加深对Cannizzaro反应的理解；

2. 掌握乙醚萃取的基本原理及操作方法；

3. 练习液态有机物和固态有机物分离提纯的基本操作。

【实验原理】

在浓的强碱作用下，不含α氢原子的醛可以发生歧化反应，一分子醛被氧化成酸，而另一分子醛则被还原为醇，该反应被意大利化学家Cannizzaro最先发现，故称为Cannizzaro反应。本实验以呋喃甲醛（又名糠醛）和浓碱氢氧化钠作用，制备呋喃甲醇和呋喃甲酸。

$$2\ \text{(呋喃)}-CHO + NaOH \longrightarrow \text{(呋喃)}-COONa + \text{(呋喃)}-CH_2OH$$

$$\text{(呋喃)}-COONa + HCl \longrightarrow \text{(呋喃)}-COOH + NaCl$$

【仪器、试剂与材料】

1. 仪器：100mL烧杯，磁力搅拌加热器，玻璃棒，分液漏斗，50mL圆底烧瓶，蒸馏头，直形冷凝管，接引管，锥形瓶，温度计，温度计套管，显微熔点测定仪，傅里叶红外光谱仪，抽滤瓶，循环水真空泵，布氏漏斗，电热鼓风干燥箱。

2. 试剂和材料：呋喃甲醛（C. P.），43%氢氧化钠（C. P.），乙醚（C. P.），浓盐酸，无水硫酸镁（C. P.），活性炭，滤纸，pH试纸。

主要反应物和生成物的物理常数：

试剂名称	相对分子质量	熔点/℃	沸点/℃	相对密度 d_4^{20}	水溶性
呋喃甲醛	96.09	−36.5	161.7	1.1594	微溶于水
呋喃甲醇	98.101	−31	171	1.1296	溶于水
呋喃甲酸	112.08	129～133	230～232	1.322	常温下不溶于冷水

【实验步骤】

1. 产品的制备及精制

将6mL 43%氢氧化钠溶液置于小烧杯中，将小烧杯置于冰水浴中冷却，当烧杯内容物温度冷却到约5℃时，在不断搅拌下[注1]，向小烧杯中滴加6.6mL（10.5g，0.11mol）新蒸馏的呋喃甲醛[注2]，反应温度控制在8～12℃[注3]范围内，完成该操作大约用10min为宜。滴加完毕后，继续在冰水浴中搅拌小烧杯内容物约20min，即可完全反应，得奶黄色浆状物。

向黄色浆状物中加入约10mL[注4]水，搅拌至固体全溶，将溶液转入干燥的分液漏斗中用30mL乙醚分3次（15mL、10mL、5mL）萃取，合并乙醚萃取液，加2g无水硫酸镁干燥后，先在水浴中蒸去乙醚，然后蒸馏呋喃甲醇，收集169～172℃的馏分，馏分为无色透明液体，产量约2.4g（产率约为61%）。

经乙醚萃取后的水溶液（主要含呋喃甲酸钠）用约14mL 1∶1盐酸酸化至pH为2～3[注5]，则析出结晶。充分冷却后滤集结晶并用少量蒸馏水洗涤1～2次，粗产品用约30mL水重结晶，抽滤，干燥（<85℃）[注6]，得白色针状呋喃甲酸，产量约3g，产率约为56%。

2. 产品的鉴定

用红外光谱仪测定呋喃甲醇及呋喃甲酸的红外光谱图，观察其特征峰，和标准图谱比对，并归属出它们的特征吸收峰。

【实验结果与数据处理】

<table>
<tr><th colspan="2">实验步骤</th><th>实验现象与解释</th></tr>
<tr><td colspan="2"></td><td></td></tr>
<tr><td colspan="2">所得呋喃甲醇的质量：</td><td>产率：</td></tr>
<tr><td colspan="2">所得呋喃甲酸的质量：</td><td>产率：</td></tr>
<tr><td rowspan="2">产品的鉴定</td><td colspan="2">呋喃甲醇的红外光谱特征吸收峰值：</td></tr>
<tr><td colspan="2">呋喃甲酸的红外光谱特征吸收峰值：</td></tr>
</table>

【实验注意事项】

1. 反应在两相之间进行，必须充分搅拌。

2. 呋喃甲醛存放过久会变成棕褐色甚至黑色，同时往往含有水分。因此，使用前需蒸馏提纯，收集 155～162℃的馏分。新蒸馏的呋喃甲醛为无色或淡黄色的液体。

3. 反应开始后很剧烈，同时放出大量的热，溶液颜色变暗。若反应温度高于 12℃时，则反应温度极易升高，难以控制，致使反应物呈深红色。若低于 8℃，则反应速率过慢，一旦发生反应，反应就会过于猛烈而使温度升高，最终也使反应物变成深红色。

4. 在反应过程中会有许多呋喃甲酸钠析出，加水溶解，可使奶油黄色的浆状物转为酒红色透明状的溶液。但若加水过多会导致损失一部分产品。

5. 酸量一定要加足，保证 pH 为 2～3，使呋喃甲酸充分游离出来。这步是影响呋喃甲酸收率的关键。

6. 从水中得到的呋喃甲酸呈叶状体，100℃时有部分升华，故呋喃甲酸应置于 80～85℃的烘箱内慢慢烘干或自然晾干。

【思考题】

1. 为什么要使用新鲜的呋喃甲醛呢？长期放置的呋喃甲醛含什么杂质？若不先除去，对本实验有何影响？

2. 酸化这一步为什么是影响产物收率的关键呢？应如何保证完成？

3. 羟醛缩合反应和 Cannizzaro 反应中所用到的醛结构相同吗？为什么？试结合反应机理给予合理的解释。

【e 网链接】

1. http://wenku.baidu.com/view/84f1047b168884868762d6ee.html
2. http://wenku.baidu.com/view/51b5a4482e3f5727a5e9628d.html
3. http://wenku.baidu.com/view/a6ea4edbad51f01dc281f18a.html
4. http://sdbs.db.aist.go.jp/sdbs/cgi-bin/direct_frame_top.cgi

[附图]

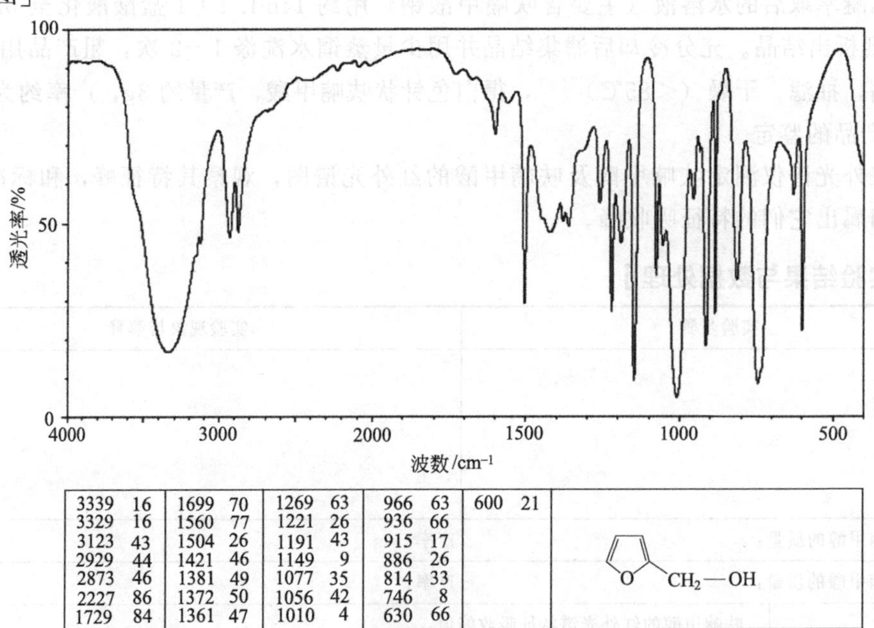

3339	16	1699	70	1269	63	966	63	600	21	
3329	16	1560	77	1221	26	936	66			
3123	43	1504	26	1191	43	915	17			
2929	44	1421	46	1149	9	886	26			O CH_2—OH
2873	46	1381	49	1077	35	814	33			
2227	86	1372	50	1056	42	746	8			
1729	84	1361	47	1010	4	630	66			

呋喃甲醇的红外光谱图

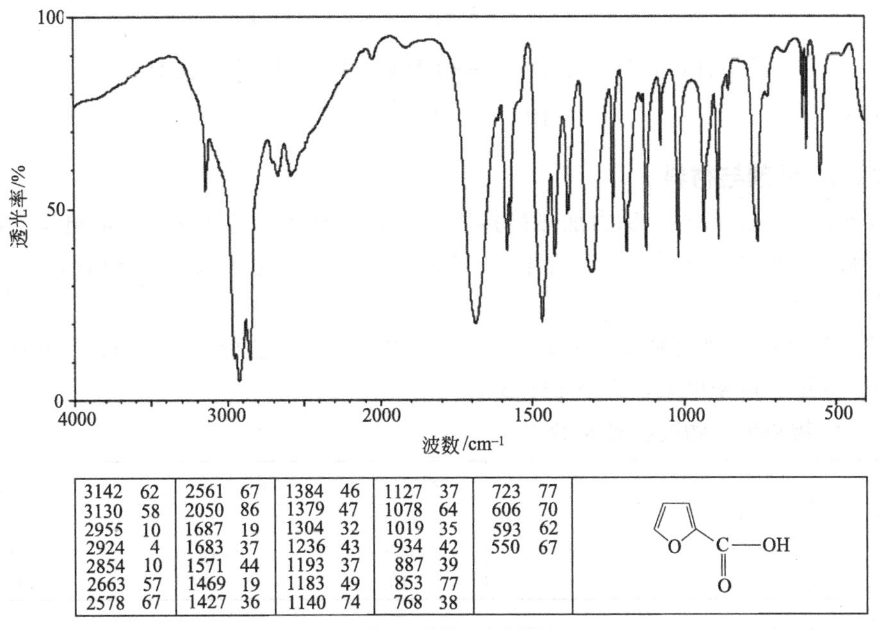

波数	透光率	波数	透光率	波数	透光率	波数	透光率	波数	透光率
3142	62	2561	67	1384	46	1127	37	723	77
3130	58	2050	86	1379	47	1078	64	606	70
2955	10	1687	19	1304	32	1019	35	593	62
2924	4	1683	37	1236	43	934	42	550	67
2854	10	1571	44	1193	37	887	39		
2663	57	1469	19	1183	49	853	77		
2578	67	1427	36	1140	74	768	38		

呋喃甲酸的红外光谱图

实验 23 碘仿的制备

【实验目的与要求】

1. 了解有机电解合成的优点及其在有机合成领域中的应用；
2. 初步掌握电化学合成的基本原理和基本操作；
3. 掌握采用有机电解合成法制备碘仿的基本原理；
4. 进一步巩固重结晶的基本操作。

【实验原理】

碘仿，又名黄碘，为亮黄色片状晶体，在医药和生物化学中常作防腐剂和消毒剂。

有机电解合成（electroorganic synthesis）是利用电解反应来合成有机化合物。应用有机电解合成技术进行的有机合成反应具有诸多优点，反应条件温和，容易控制，环境相容性高，污染小，符合绿色化学的合成理念。作为现代绿色化学中有机合成洁净技术的重要组成部分，目前有机电解合成已经越来越受到有机化学工作者的青睐。设计合理的电解池结构，采用先进的电极材料，可以实现达到零排放的目标。

碘仿可以通过传统的方法，由乙醇或丙酮等具有 $\mathrm{CH_3\overset{\overset{O}{\|}}{C}-}$ 和 $\mathrm{CH_3-\overset{\overset{OH}{|}}{CH}-}$ 结构单元的有机化合物与碘的碱溶液作用而制得，也可以用更加绿色的电解法制备。本实验以石墨碳棒做电极，直接在丙酮碘化钾溶液中进行电解反应，简便地制取碘仿。

阴极 $$2H^+ + 2e^- \longrightarrow H_2$$

阳极 $$2I^- - 2e^- \longrightarrow I_2$$

$$I_2 + 2OH^- \rightleftharpoons IO^- + I^- + H_2O$$

$$CH_3COCH_3 + 3IO^- \longrightarrow CH_3COO^- + CHI_3\downarrow + 2OH^-$$

副反应 $$3IO^- \longrightarrow IO_3^- + 2I^-$$

【仪器、 试剂与材料】

1. 仪器：150mL 烧杯，磁力加热搅拌器，电流换向器，安培计，直流电源，磁力搅拌子，抽滤瓶，循环水真空泵，布氏漏斗，电热鼓风干燥箱，电子天平，显微熔点测定仪，傅里叶红外光谱仪。

2. 试剂和材料：碘化钾（C. P.），丙酮（C. P.），95%乙醇（C. P.），2 根石墨棒，有机玻璃板，滤纸，可变电阻，广泛 pH 试纸。

主要反应物和生成物的物理常数：

试剂名称	相对分子质量	熔点/℃	沸点/℃	相对密度 d_4^{20}	水溶性
碘化钾	166.01	680	1330	3.13	溶于水
丙酮	58.08	−94.7	56.5	0.79	与水可互溶
碘仿	393.73	121	210	3.863	难溶于水

【实验步骤】

1. 电解槽装置的安装

用 150mL 烧杯作电解槽，以两根石墨棒作电极[注1]，垂直地将其固定安放在烧杯杯口上端的硬纸板或者有机玻璃板上，两电极间的距离约为 3mm[注2]，两电极不宜离得太近，否则容易发生短路。电极的下端距离烧杯底部应为 1～1.5cm，以便磁力搅拌器搅拌。电极的上端经过可变电阻、电流换向器、安培计和直流电源（电流≥1A，可调节电压 0～12V）相连。

2. 产品的制备

向电解槽中加入 100mL 蒸馏水，3.3g（0.02mol）碘化钾，1mL（0.8g，0.014mol）丙酮和磁力搅拌子，打开磁力搅拌器[注3]，使药品溶解，接通电源，将电流调整至 1 A 进行常温电解（20～30℃）。观察电极表面会逐渐蒙上一层不溶产物，将电解电流降低，此时可以通过换向器改变电流方向，并使电流保持恒定[注4]。电解液的 pH 值会逐渐增大到 8～10。大约电解 1h，切断电源，停止反应，再继续搅拌 1～2min，然后减压抽滤电解液。黏附在烧杯壁上和电极上的碘仿也需用蒸馏水转移至漏斗滤干，并用蒸馏水洗涤滤饼两次，空气中自然干燥后即得粗品。

3. 产品的精制

反应所得粗品可以用 95%乙醇进行重结晶得到亮黄色片状结晶，即为碘仿纯品[注5]。产品自然晾干后，称量，用显微熔点测定仪测熔点，计算产率。

【实验结果与数据处理】

实验步骤	实验现象与解释
所得碘仿的质量：	产率：

【实验注意事项】

1. 石墨棒需要从废旧电池中拆出，本实验选择 1 号电池中的石墨棒最为适宜，电极表面积大，反应速率快。

2. 为了减少电流通过介质的损失，两电极应尽可能靠近。

3. 搅拌也可以采用人工搅拌，但是需要小心谨慎，搅拌时不可触碰到电极。

4. 如果配置不到换向器，可以暂时切断电源，用清水洗净电极表面以后，再接通电源继续电解。

5. 纯净的碘仿为亮黄色晶体，但是用石墨作电极，析出的晶体会呈现灰绿色，是因为混有石墨的缘故，因此产品需要进行精制。

【思考题】

1. 计算实验中有多少（以百分数表示）碘化钾和丙酮转化为碘仿？

2. 在电解过程中，溶液的 pH 值逐渐增大（可用 pH 试纸进行检验）。试对此作出解释。

3. 以丙酮和次碘酸钠反应为例，写出碘仿反应的机理，并且归纳总结可以发生碘仿反应的有机化合物的结构特点。溴仿和氯仿反应可以用于该类有机化合物的鉴别吗？为什么？

【e 网链接】

1. http://www.doc88.com/p-684754505533.html

2. http://sdbs.db.aist.go.jp/sdbs/cgi-bin/direct_frame_top.cgi

［附图］

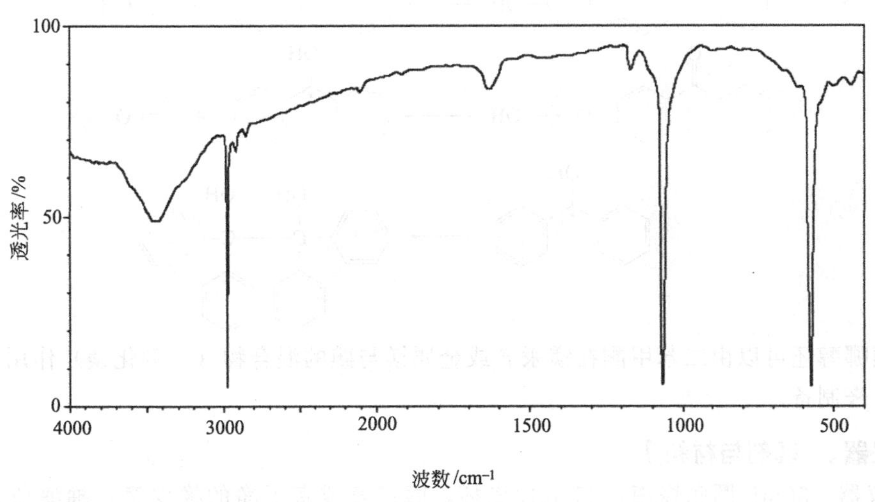

3464	47	1631	79
3441	47	1168	84
3431	47	1068	5
2977	4	674	6
2920	64	500	81
2852	88	443	81
2103	79		

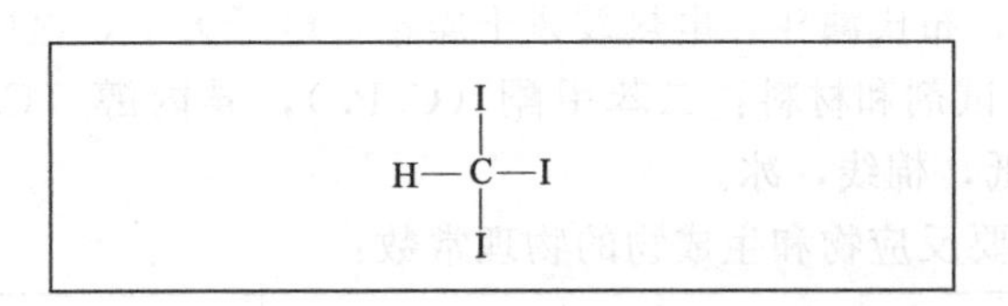

碘仿的红外光谱图

实验 24 苯频哪醇的制备

【实验目的与要求】

1. 学习苯频哪醇的光化学制备原理和方法；
2. 学习苯频哪醇重排的原理和条件；
3. 巩固重结晶操作。

【实验原理】

二苯甲酮的光化学还原是目前研究得较清楚的光化学反应之一。将二苯甲酮溶于一种“质子给予体”的溶剂如异丙醇中，用 300～350nm 紫外线照射时，即会形成一种不溶性的二聚体——苯频哪醇。

2 $Ph_2C{=}O$ + $(CH_3)_2CH{-}OH$ $\xrightarrow{光照}$ $Ph_2C(OH){-}C(OH)Ph_2$

该还原过程是一个涉及自由基中间体的单电子反应：

$Ph_2C{=}O$ + $(CH_3)_2CH{-}OH$ ⟶ $Ph_2\dot{C}{-}OH$ + $(CH_3)_2\dot{C}{-}OH$

$Ph_2C{=}O$ + $(CH_3)_2\dot{C}{-}OH$ ⟶ $Ph_2\dot{C}{-}OH$ + $(CH_3)_2C{=}O$

2 $Ph_2\dot{C}{-}OH$ ⟶ $Ph_2C(OH){-}C(OH)Ph_2$

苯频哪醇还可以由二苯甲酮在镁汞齐或金属镁与碘的混合物（二碘化镁）作用下发生双还原反应来制备。

【仪器、试剂与材料】

1. 仪器：50mL 圆底烧瓶，250mL 烧杯，磨口塞或者干净的橡皮塞，抽滤瓶，循环水真空泵，布氏漏斗，电热鼓风干燥箱，电子天平，显微熔点测定仪。

2. 试剂和材料：二苯甲酮（C. P.），异丙醇（C. P.），冰醋酸（C. P.），滤纸，广泛pH 试纸，棉线，冰。

主要反应物和生成物的物理常数：

试剂名称	相对分子质量	熔点/℃	沸点/℃	相对密度 d_4^{20}	水溶性
二苯甲酮	182.22	48～49	305	1.1146	不溶于水
异丙醇	60.06	−87.9	82.45	0.7863	溶于水
苯频哪醇	366.46	189	—	—	不溶于水

【实验步骤】

1. 产品的制备

在 50mL 圆底烧瓶[注1]（或大试管）中加入 2.8g（0.015mol）二苯甲酮和 20mL 异丙醇，在水浴上中温加热使二苯甲酮完全溶解。向溶液中滴加 1 滴冰醋酸[注2]，并用异丙醇使烧瓶充满，用磨口塞或干净的橡皮塞将烧瓶塞紧，尽可能排除瓶内所有的空气[注3]，必要时可补充少量异丙醇，并用细棉绳将塞子系在瓶颈上扎牢或用橡皮带将塞子套在瓶底上。将烧瓶倒置在烧杯中，写上自己的姓名，放在向阳的实验台或窗台上，光照 1～2 周[注4]。由于生成的苯频哪醇在溶剂中溶解度很小，随着反应的进行，苯频哪醇晶体可以从溶液中析出。待反应完成后，在冰浴中冷却使之结晶完全。

2. 产品的精制

减压抽滤，并用少量异丙醇洗涤结晶。干燥后即可得到具有漂亮晶形的无色小结晶，产量 2～2.5g，产率 36%～45%。用显微熔点测定仪测定熔点 187～189℃。此时得到的产物已足够纯净，可以直接用于合成实验。

3. 产品的鉴定

用红外光谱仪测定产品的红外光谱图，观察其特征峰，和标准图谱比对，并归属苯频哪醇的特征吸收峰。

【实验结果与数据处理】

实验步骤	实验现象与解释
所得苯频哪醇的质量：	产率：
产物的鉴定	红外光谱特征吸收峰值：

【实验注意事项】

1. 光化学反应一般需要在石英器皿中进行，因为光化学反应需要透过比普通波长更短的紫外线的照射。而二苯甲酮激发的 n-π * 跃迁所需要的照射约为 350nm，这是易透过普通玻璃的波长，所以本实验在玻璃器皿中即可进行。

2. 加入冰醋酸的目的是为了中和普通玻璃器皿中存在的微量碱。碱催化下苯频哪醇很容易裂解为二苯甲酮和二苯甲醇，对反应不利。

3. 二苯甲酮在发生光化学反应时会产生自由基，而空气中的氧会消耗自由基，使反应速率减慢。

4. 反应进行的程度取决于光照情况。如阳光充足直射 4 天反应即可完成；如天气阴冷，则需要一周甚至更长的时间，但时间长短并不影响反应的最终结果。如改用日光灯照射，反应时间还可以明显缩短，仅需要 3～4 天即可完成。

【思考题】

1. 反应前如果没有滴加冰醋酸，会对实验结果产生什么影响？

2. 二苯甲酮和二苯甲醇的混合物在紫外线照射下能否生成苯频哪醇？写出其反应机理。

3. 试写出在氢氧化钠存在下，苯频哪醇分解为二苯甲酮和二苯甲醇的反应机理。

【e 网链接】

1. http://www. doc88. com/p-985462379480. html
2. http://www. docin. com/p-222373030. html
3. http://sdbs. db. aist. go. jp/sdbs/cgi-bin/direct _ frame _ top. cgi

[附图]

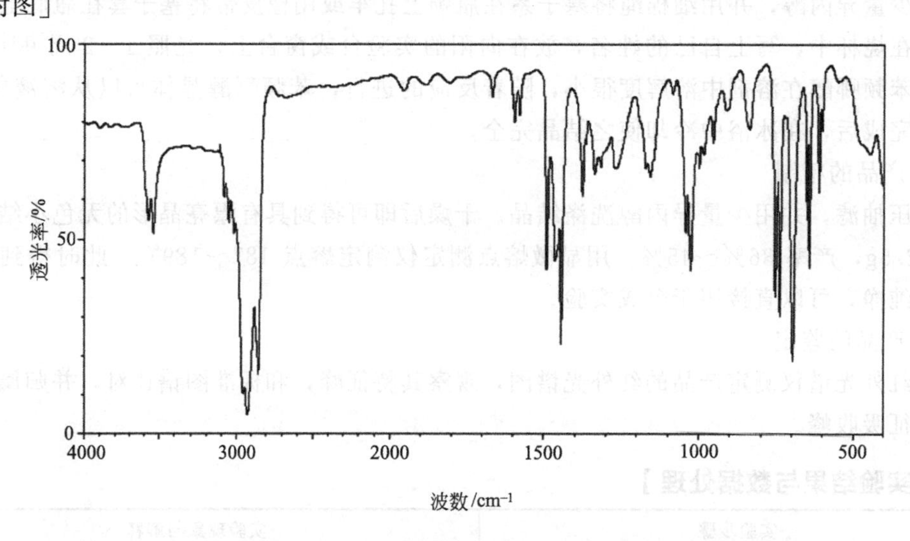

3676	62	2871	23	1339	64	1044	49	740	29
3543	49	2855	14	1318	66	1027	41	698	18
3086	58	1493	41	1275	86	1000	66	653	53
3066	62	1466	43	1270	66	986	68	645	41
3021	49	1445	22	1173	66	955	72	613	60
2957	9	1378	58	1167	86	838	74	603	74
2927	4	1366	72	1169	64	766	34	446	70

苯频哪醇的红外光谱图

实验 25　2,4-二羟基苯乙酮的制备

【实验目的与要求】

1. 掌握用冰醋酸为酰化剂和氯化锌为催化剂制备 2,4-二羟基苯乙酮的原理和方法；
2. 掌握 Friedel-Crafts 酰基化反应形成碳碳单键的原理和实验技术；
3. 巩固固态有机物提纯的基本操作。

【实验原理】

2,4-二羟基苯乙酮是一种重要的有机合成中间体，它不仅可以用于制备抗心绞痛的药物乙氧黄酮，合成具有广泛药理活性的含羟基的查尔酮类物质，制备农药、黄酮等精细化工产品，还可以利用酮羰基和胺类化合物反应合成具有较高生物活性的席夫碱及其金属配合物等。此外，它也是测定铁离子的一种重要分析试剂。

在苯环上引入酰基制备芳香酮，通常利用苯的 Friedel-Crafts 酰基化反应来实现。最常用的催化剂为无水氯化铝。酚羟基的引入使得其芳环的电子云密度更高，因此其发生 Friedel-Crafts 烷基化、酰基化反应的活性更高，只需要在较弱的催化剂作用下即可进行。本实验以间苯二酚和乙酸为原料，在无水氯化锌催化作用下，发生 Friedel-Crafts 酰基化反应制备 2，4-二羟基苯乙酮。

OH / OH $+ CH_3COOH \xrightarrow{\text{无水}ZnCl_2}$ O / CH_3 / OH / OH $+ H_2O$

【仪器、试剂与材料】

1. 仪器：100mL 三口烧瓶，温度计，磁力加热搅拌器，球形冷凝管，玻璃棒，抽滤瓶，循环水真空泵，布氏漏斗，电热鼓风干燥箱，电子天平，显微熔点测定仪，傅里叶红外光谱仪。

2. 试剂和材料：间苯二酚（C. P. ），冰醋酸（C. P. ），无水氯化锌（C. P. ，新烧制），5% 氢氧化钠溶液，广泛 pH 试纸，滤纸。

主要反应物和生成物的物理常数：

试剂名称	相对分子质量	熔点/℃	沸点/℃	相对密度 d_4^{20}	水溶性
间苯二酚	110.11	110.7	276.5	1.28	易溶于水
冰醋酸	60.05	16.5	117.9	1.0491	与水互溶
2,4-二羟基苯乙酮	152.15	143～144.5	—	1.180	可溶于温水

【实验步骤】

1. 产品的制备

在 100mL 三口烧瓶中加入 10mL 冰醋酸和 4.6g（0.033mol）新烧制的无水氯化锌[注1]，微热搅拌使其溶解后，加入 3.7g（0.033mol）间苯二酚，搅拌并缓慢加热反应液至沸腾，并控制加热温度为 135～140℃[注2]范围内，回流反应约 1h。停止加热后，从球形冷凝管上口缓缓加入 60mL 蒸馏水，用 5% 盐酸溶液（需要 4～6mL）调整反应液的 pH 值到 2[注3]，此时溶液为澄清透明的酒红色。冷却溶液至室温，待有少量沉淀产生，将烧瓶置于冰水浴中冷却至 5℃，观察有大量橘红色针状晶体产生，抽滤，沉淀用少量冰水洗涤，干燥，即得到 2,4-二羟基苯乙酮粗品。

2. 产品的精制

粗品用接近沸腾的水和少量活性炭重结晶，可以得到纯净的 2,4-二羟基苯乙酮 3～3.5g，产率为 60%～80%。用显微熔点测定仪测其熔点为 142～145℃。

3. 产品的鉴定

① 2,4-二羟基苯乙酮具有甲基酮的结构单元，遇次碘酸钠溶液，会产生亮黄色有特殊气味的沉淀。

② 用红外光谱仪测定产物的红外光谱图，观察其特征峰，与标准图谱比对，并归属 2,4-二羟基苯乙酮的特征吸收峰。

【实验结果与数据处理】

实验步骤	实验现象与解释
所得 2,4-二羟基苯乙酮的质量：	产率 ：

产品的鉴定	
	碘仿反应：
	红外光谱特征吸收峰值：

【实验注意事项】

[1] 无水氯化锌是白色易潮解的固体，其溶解度是固体盐中最大的，283K 时其溶解度为 330g/100g 水，它的吸水性也很强，故在有机合成中多用其作催化剂和吸水剂。

[2] 如果反应温度超过 140℃，会增加红色产物的量而不利于生成 2,4-二羟基苯乙酮。

[3] 反应中将溶液的 pH 值调整为 2，主要是为了更彻底地洗去氯化锌。

【思考题】

比较用 BF_3，H_2SO_4 为催化剂，$HClO_4$，$AlCl_3$ 为催化剂和 $ZnCl_2$ 为催化剂合成 2,4-二羟基苯乙酮的反应中，在实验条件、产率等方面的异同。

【e 网链接】

1. http://www.cnki.com.cn/Article/CJFDTotal-HXSJ198104016.htm
2. http://www.doc88.com/p-334768081366.html
3. http://sdbs.db.aist.go.jp/sdbs/cgi-bin/direct_frame_top.cgi

[附图]

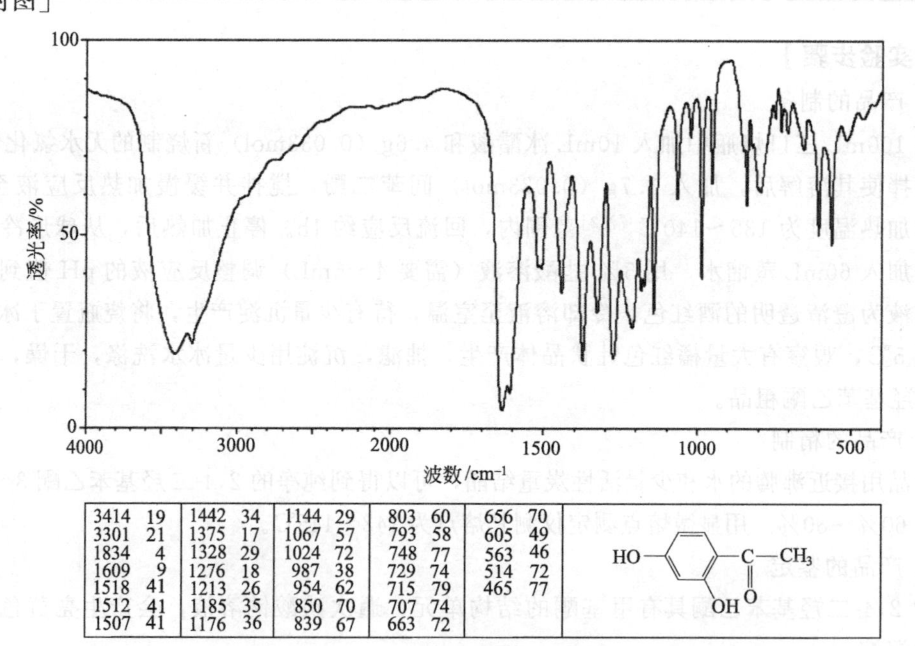

3414	19	1442	34	1144	29	803	60	656	70
3301	21	1375	17	1067	57	793	58	605	49
1834	4	1328	29	1024	72	748	77	563	46
1609	9	1276	18	987	38	729	74	514	72
1518	41	1213	26	954	62	715	79	465	77
1512	41	1185	35	850	70	707	74		
1507	41	1176	36	839	67	663	72		

2,4-二羟基苯乙酮的红外光谱图

实验 26 环己酮肟的制备

【实验目的与要求】

1. 了解环己酮肟的实验室制法、工业制法及其重要用途；
2. 掌握醛、酮与羟胺生成肟的反应原理；
3. 掌握固态有机物分离提纯的基本操作。

【实验原理】

醛、酮与胺的衍生物如羟胺、氨基脲及 2,4-二硝基苯肼等可以发生缩合反应，生成的产物通常是好的结晶，具有固定的熔点，因此该反应通常用来鉴别醛、酮。这类缩合产物可以在稀酸的催化作用下，水解为原来的醛或酮，所以这类反应还常用来分离和提纯醛、酮。

目前工业上，环己酮肟的制备比较新的方法是用环己烷、氯及一氧化氮进行光化学反应，先制得 1-氯-1-亚硝基环己烷后，再还原，得到环己酮肟。

本实验以环己酮和盐酸羟胺为主要原料来制备环己酮肟。羟胺在酸性条件下稳定，因此常常做成稳定的盐酸羟胺。但是本反应中制得的环己酮肟酸性条件下不稳定容易发生分解，而在碱性环境下其相对稳定，故本实验中加入过量的醋酸钠，一方面提供碱性环境，使生成的产物环己酮肟稳定，另一方面醋酸钠呈弱碱性，起中和作用，使羟胺从盐酸羟胺中游离出来，与环己酮进行反应。而且本实验中盐酸羟胺需要过量，因为如果环己酮过量，环己酮和环己酮肟的后处理会非常复杂，难以提纯目的产物。

环己酮 + NH_2OH ⟶ 环己酮肟（C=N—OH） + H_2O

【仪器、试剂与材料】

1. 仪器：250mL 磨口锥形瓶，温度计，玻璃棒，磁力搅拌加热器，标准磨口塞，抽滤瓶，循环水真空泵，布氏漏斗，红外灯，显微熔点测定仪，傅里叶变换红外光谱仪。

2. 试剂和材料：环己酮（C. P.），盐酸羟胺（C. P.），结晶乙酸钠（C. P.），滤纸。

主要反应物和生成物的物理常数：

试剂名称	相对分子质量	熔点/℃	沸点/℃	相对密度 d_4^{20}	水溶性
环己酮	98.14	−45	155.6	0.95	微溶于水
盐酸羟胺	69.49	152	—	1.67	溶于水
环己酮肟	113.14	89～90	206～210	1.1	不溶于水

【实验步骤】

1. 产品的制备及精制

在 250mL 磨口锥形瓶中，加入 14g（0.2mol）盐酸羟胺，20g 结晶乙酸钠[注1]和 60mL 水，温热使其溶解，温度控制在 35～40℃[注2]。向反应液中分批加入 15mL（14g,

0.14mol）环己酮[注3]，每次加 2mL，边加边振荡，观察有固体析出。加完后，用标准磨口塞塞住瓶口，剧烈振摇 2～4min，即有白色粉状晶体析出[注4]，该白色粉状晶体即为环己酮肟。用冰水冷却后，减压抽滤，并用少量水洗涤滤饼，抽干，再在滤纸上进一步压干。最后用红外灯进行干燥，所得白色晶体即为环己酮肟纯品。用显微熔点测定仪测定熔点为 89～90℃。

2. 产品的鉴定

用红外光谱仪测定产物的红外光谱图，观察其特征峰，与标准图谱比对，并归属出环己酮肟的特征吸收峰。

【实验结果与数据处理】

实验步骤	实验现象与解释
所得环己酮肟的质量：	产率：
产品的鉴定	红外光谱特征吸收峰值：

【实验注意事项】

[1] 加入的醋酸钠溶解慢，可研细后加入水中，或通过加热促使其溶解。

[2] 羟胺反应时温度不宜过高。该反应中控制温度在 35～40℃为宜。加完环己酮以后，充分摇荡反应瓶使反应完全。

[3] 重排反应很激烈，并要保持温度，在滴加过程中必须一直加热。温度不可太高，以免副反应增加。

[4] 若环己酮肟呈白色小球状，则表示反应未完全，需继续振摇。

【思考题】

1. 本实验中，加入醋酸钠的目的是什么？
2. 酸性过强对该反应有什么负面影响？
3. 实验中，为什么要分批加入环己酮？
4. 为什么还需要搅拌或激烈振荡？
5. 了解该反应机理，总结醛、酮和胺的衍生物反应发生的规律，写出二者反应的通式。

【e 网链接】

http://sdbs.db.aist.go.jp/sdbs/cgi-bin/direct_frame_top.cgi

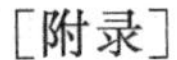
[附录]

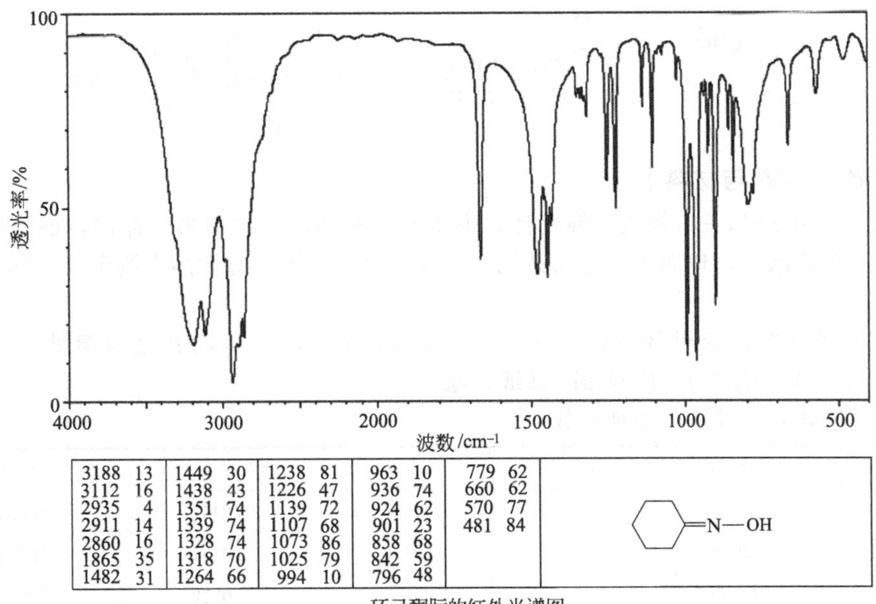

3188	13	1449	30	1238	81	963	10	779	62
3112	16	1438	43	1226	47	936	74	660	62
2935	4	1351	74	1139	72	924	62	570	77
2911	14	1339	74	1107	68	901	23	481	84
2860	16	1328	74	1073	86	858	68		
1865	35	1318	70	1025	79	842	59		
1482	31	1264	66	994	10	796	48		

环己酮肟的红外光谱图

实验 27 查耳酮的制备

【实验目的与要求】

1. 了解查耳酮的性质和重要用途；
2. 掌握利用碱催化羟醛缩合反应制备 α,β-不饱和醛酮的反应原理；
3. 巩固固态有机化合物的分离提纯操作。

【实验原理】

二苯基丙烯酮，又名苯亚甲基苯乙酮，查耳酮，是合成黄酮类化合物的重要中间体，其广泛存在于自然界中，在许多文献中都有过从天然产物中分离提取查耳酮的报道。由于其分子结构具有较大的柔性和可塑性，它可以与不同的受体结合，因此具有广泛的生物药理活性，如抗蛲虫作用，抗过敏作用，具有化学预防和抗肿瘤活性等。此外，它还可以作为抗生素、抗疟疾的药物成分。

具有 C═C—C═O 结构的查耳酮化合物，和两端的苯环形成一个大的 π 键。当受到光波的照射后，电子在一定方向上发生移动，产生超极化效应；此时的 π 电子趋于离域，往往表现出较大的非线性光学效应。因而，这一类的化合物在非线性光学材料方面具有广泛的应用前景。同时，查耳酮化合物还可以作为聚合物的支链，在液晶领域也有广泛的用途。除此之外查耳酮还是一种重要的有机合成中间体，可用于香料和药物等精细化学品的合成。

羟醛缩合反应是制备 α,β-不饱和醛酮的重要方法。无 α-活泼氢的芳醛可以与有 α-活泼氢的醛酮发生交叉的羟醛缩合反应，也称为 Claisen-Schmidt 反应。缩合产物自发脱水生成稳定的共轭体系 α,β-不饱和醛酮。它是合成侧链上含两种官能团的芳香族化合物及含几个苯环的脂肪族体系中间体的一条重要途径。

本实验利用苯甲醛和苯乙酮为原料，在碱催化下，发生交叉的羟醛缩合反应制备查耳酮。

$$C_6H_5CHO + C_6H_5COCH_3 \xrightarrow[EtOH,H_2O]{NaOH} C_6H_5CH{=}CH{-}CO{-}C_6H_5 + H_2O$$

【仪器、试剂与材料】

1. 仪器：100mL 三口烧瓶，温度计，恒压滴液漏斗，磁力加热搅拌器，抽滤瓶，循环水真空泵，布氏漏斗，玻璃棒，电热鼓风干燥箱，电子天平，显微熔点测定仪，傅里叶红外光谱仪。

2. 试剂和材料：苯甲醛（C. P.），苯乙酮（C. P.），10%氢氧化钠溶液，95%乙醇（C. P.），查耳酮（C. P.），广泛 pH 试纸，滤纸。

主要反应物和生成物的物理常数：

试剂名称	相对分子质量	熔点/℃	沸点/℃	相对密度 d_4^{20}	水溶性
苯甲醛	106.12	—	178	1.0447	微溶于水
苯乙酮	120.1	—	202.6	1.0281	微溶于水
查耳酮	208.26	58	345～348	1.0712	不溶于水

【实验步骤】

1. 产品的制备

在配有恒压滴液漏斗、磁力搅拌子和温度计的 100mL 三口烧瓶中，加入 10%氢氧化钠水溶液 25mL、95%乙醇 15mL 及苯乙酮 6mL，开启磁力搅拌加热器，在搅拌的作用下利用恒压滴液漏斗向反应液中缓慢滴加 5mL 苯甲醛[注1]，滴加过程中注意维持反应温度在 25～30℃[注2]之间。滴加完毕后，保持此温度继续搅拌 0.5h。然后加入少量的查耳酮作为晶种[注3]，于室温下继续搅拌 1～1.5h，固体即可析出。待反应结束后将三口烧瓶置于冰水浴中冷却 15～30min，使其结晶完全，减压抽滤，用蒸馏水充分洗涤至洗涤液对 pH 试纸显中性。然后用少量 95%乙醇（5～6mL）进一步洗涤结晶，并挤压抽干，即得查耳酮粗品[注4]。

2. 产品的精制

将粗品用 95%乙醇重结晶[注5]（每克产物需要使用 4～5mL 溶剂），如果所得溶液颜色较深可以加入少量活性炭进行脱色，得到浅黄色片状结晶，即为查耳酮纯品[注6]，6～7g。用显微熔点测定仪测定熔点为 56～57℃。

3. 产品的鉴定

用红外光谱仪测定其红外光谱图，观察特征峰，与标准图谱核对，并归属出查耳酮的特征吸收峰。

【实验结果与数据处理】

实验步骤	实验现象与解释
所得查尔酮的质量：	产率：
产品的鉴定	红外光谱特征吸收峰值：

【实验注意事项】

［1］苯甲醛必须是新蒸馏的。

［2］反应温度一般控制在25～30℃为宜。温度过高，副产物会增多；过低，产物容易发粘，不易进行过滤和洗涤。

［3］查耳酮一般在室温条件下搅拌1h即可析出结晶，常向体系中加入几粒查耳酮作为晶种，加速结晶的析出。

［4］有些人因为体质原因，接触查耳酮时皮肤会有瘙痒感等过敏症状，操作的时候要注意尽量避免其与皮肤接触。

［5］查耳酮熔点较低，重结晶回流的时候，样品有时会呈现熔融状，这种情况须适当添加溶剂使其溶解完全呈均相。

［6］查耳酮存在几种不同的晶形。通常实验得到的是片状的α晶体（熔点为58～59℃），此外还有棱状的β晶体（熔点为56～57℃）和针状的γ晶体（熔点48℃）。

【思考题】

1. 本实验中可能发生的副反应有哪些？采取哪些措施可以避免这些副反应的发生？

2. 写出苯甲醛与丙醛及丙酮（过量）在稀碱催化下缩合产物的结构式，总结羟醛缩合反应产物的书写规律，并画出反应机理。

3. 本反应中若将稀碱换成浓碱可以吗？为什么？

4. 先加苯甲醛，后加苯乙酮可以吗？为什么？

【e网链接】

http://wenku.baidu.com/view/647bf4bac77da26925c5b0c7.html

［附图］

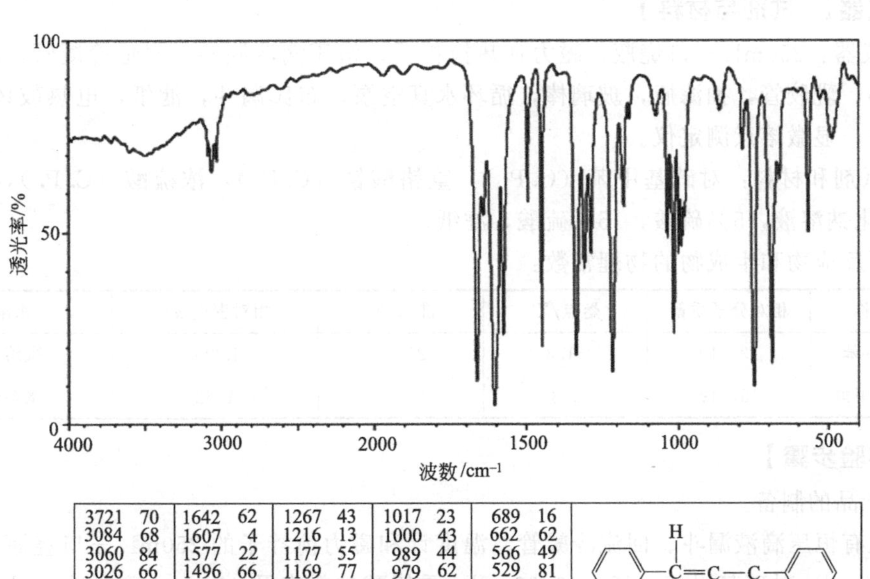

3721	70	1642	62	1267	43	1017	23	689	16
3084	68	1607	4	1216	13	1000	43	662	62
3060	84	1577	22	1177	55	989	44	566	49
3026	66	1496	66	1169	77	979	62	529	81
2818	84	1450	20	1078	79	860	79	488	72
2807	84	1377	17	1073	77	786	68		
1664	10	1309	38	1036	47	749	9		

查耳酮的红外光谱图

实验 28 对硝基苯甲酸的制备

【实验目的与要求】

1. 学习并掌握由带有 α-H 的烷基芳烃发生侧链氧化制取芳香羧酸的原理及方法；
2. 了解对硝基苯甲酸的工业制法；
3. 巩固固态有机物的分离提纯操作。

【实验原理】

制备芳香羧酸常用侧链氧化法，即用强的氧化剂如高锰酸钾、重铬酸的钾盐、钠盐的酸性溶液等氧化苯环上的烷基为羧基。凡具有 α-H 的烷基芳烃均可以通过侧链氧化的方法制备芳香羧酸，且不论烷基链长的长短，均氧化为羧基。本实验以对硝基甲苯为原料，在重铬酸钠的酸性溶液的氧化下，制备对硝基苯甲酸：

$$p\text{-}CH_3C_6H_4NO_2 + Na_2Cr_2O_7 + 4H_2SO_4 \longrightarrow p\text{-}HOOCC_6H_4NO_2 + Na_2SO_4 + Cr_2(SO_4)_3 + 5H_2O$$

工业上常以对硝基甲苯为原料，溴化钴/溴化锰为催化剂，丙酸为反应溶剂，在一定的压力下用空气进行氧化制备对硝基苯甲酸，反应结束后，对硝基苯甲酸以晶体形式析出。该生产工艺成本较低，反应过程中所产生的废气、废液、废渣相对较少，而且有利于连续生产，优点较多。

【仪器、试剂与材料】

1. 仪器：250mL 三口烧瓶，磁力加热搅拌器，恒压滴液漏斗，球形冷凝管，标准磨口塞，烧杯，乳胶管，抽滤瓶，玻璃棒，循环水真空泵，布氏漏斗，滤纸，电热鼓风干燥箱，电子天平，显微熔点测定仪。

2. 试剂和材料：对硝基甲苯（C.P.），重铬酸钠（C.P.），浓硫酸（C.P.），活性炭，5%氢氧化钠溶液，5%硫酸，15%硫酸，滤纸。

主要反应物和生成物的物理常数：

试剂名称	相对分子质量	熔点/℃	沸点/℃	相对密度 d_4^{20}	水溶性
对硝基甲苯	137.10	51.3	237.7	1.286	微溶于水
对硝基苯甲酸	167.12	243	—	1.62	微溶于水

【实验步骤】

1. 产品的制备

在配有恒压滴液漏斗、回流冷凝管、温度计和磁力搅拌子的 250mL 三口烧瓶中，加入 6g（0.04mol）对硝基甲苯，18g（0.06mol）重铬酸钠粉末及 40mL 去离子水，开启磁力搅拌加热器，在搅拌下，从恒压滴液漏斗向三口烧瓶中缓缓滴加 25mL 浓硫酸，观察反应物的颜色逐渐变深变黑。该反应是一个放热反应，为防止温度上升过快，必要时可以用冷水进行冷却，以防止对硝基甲苯挥发凝结器壁。硫酸滴加完毕后，开启磁力搅拌器的加热旋钮，搅拌回流0.5h，此时反应液为黑色。反应过程中，冷凝管里可能会有对硝基甲苯（白色针状）析出，如果出现该种情况，应适当调小冷凝水的水流速度，使其能够熔融滴下。

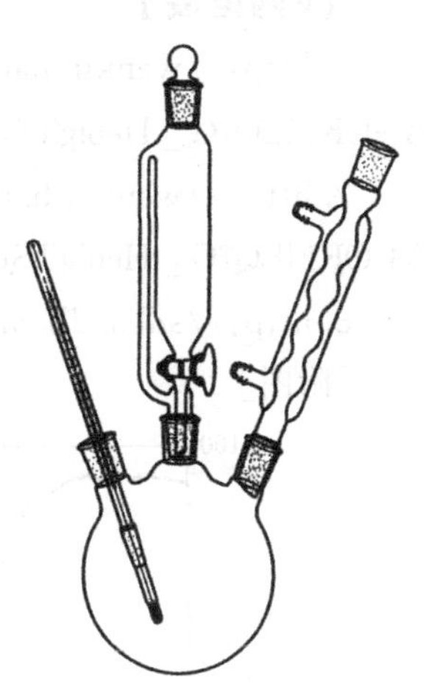

反应物冷却后，向反应器中加入70mL冰水，并不断搅拌，会有沉淀立即析出，减压抽滤，并用25mL水洗涤两次，烘干，即得到对硝基苯甲酸的粗品，外观为黄黑色固体。

2. 产品的精制

将粗品加入盛有25mL 5%硫酸的烧杯中，并在沸水浴中加热10min，目的是溶解反应过程中没有反应的铬盐。待冷却后抽滤，将所得沉淀加入50mL 5%氢氧化钠的溶液中，在50℃的恒温水浴中温热后，减压抽滤。在所得滤液中加入0.8g活性炭煮沸，趁热过滤[注1]。冷却后，在充分搅拌下将滤液缓缓倾入盛有60mL 15%硫酸溶液的烧杯中[注2]，观察有黄色沉淀析出，减压抽滤，并用少量冷水洗涤沉淀2～3次，将产品放入电热鼓风干燥箱中干燥后称重，此时得到的产物已经比较纯净。如果需要进一步提纯，还可以用乙醇-水的混合溶液进行重结晶，所得产品为浅黄色针状晶体，5～6g，产率为68%～82%。用显微熔点测定仪[注3]测定熔点为237～238℃。

3. 产品的鉴定

用红外光谱仪测定产物的红外光谱图，观察其特征峰，与标准图谱比对，并归属出对硝基苯甲酸的特征吸收峰。

【实验结果与数据处理】

实验步骤	实验现象与解释
所得对硝基苯甲酸的质量：	产率：
产品的鉴定	红外光谱特征吸收峰值：

【实验注意事项】

1. 该步操作的目的主要是除去反应体系中没有参与反应的对硝基甲苯（熔点51.3℃）和进一步除去反应中没有反应完的铬盐，如果过滤的温度过低，则会使对硝基苯甲酸钠析出而被过滤掉。

2. 这里不可以把硫酸反滴加到滤液中，否则生成的沉淀会包含一些钠盐杂质影响所得产物的纯度。

3. 对硝基苯甲酸的熔点很高，采用熔点测定仪测定比较好，因为普通的硫酸熔点仪高温下容易发生危险。

【思考题】

1. 回流30min反应结束以后，为什么要加入70mL冰水？

2. 在产品纯化过程中，有多步转移、抽滤等操作步骤，试分别说明每步操作的意义？

3. 写出间硝基异丙苯、萘、对叔丁基苯和邻溴甲苯的氧化产物并总结规律。

【e网链接】

1. http://wenku.baidu.com/link?url=o--OhLf5AiPM3tVxJIZYvQcl9SwP1wtjoozJQA4-OKFIEQ7G_HeblgTSJBQDGwDnPVZdmD3DEJtrDsesNRDMXnaAoZHSPaF1BGrcgYmT-1e
2. http://wenku.baidu.com/link?url=o--OhLf5AiPM3tVxJIZYvQcl9SwP1wtjoozJQA4-OKFIEQ7G_HeblgTSJBQDGwDne7UoFiDJG-L8ZQqs6iyNdn4xzcHP1nn0xjZ66NW36Vy
3. http://sdbs.db.aist.go.jp/sdbs/cgi-bin/direct_frame_top.cgi

[附图]

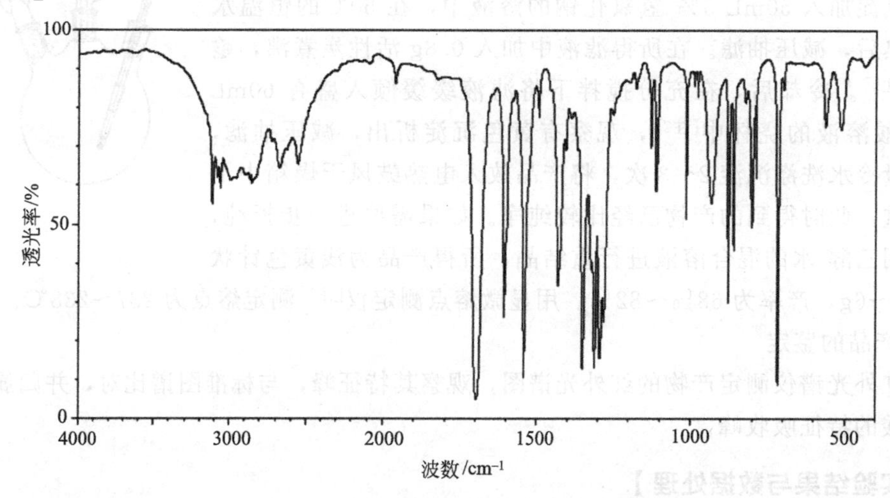

3117	63	2864	68	1496	74	1296	16	880	28	O_2N—⟨苯环⟩—C(=O)—OH
3082	60	2842	58	1432	33	1283	23	862	42	
3064	57	2675	62	1406	86	1252	74	803	47	
2996	68	2666	62	1389	74	1128	68	789	60	
2973	60	1697	4	1352	12	1113	57	718	8	
2961	60	1608	25	1323	37	1015	49	564	72	
2866	68	1544	10	1313	12	936	63	513	72	

对硝基苯甲酸的红外光谱图

实验29 肉桂酸的制备

【实验目的与要求】

1. 理解实验室制备肉桂酸的原理；
2. 掌握利用苯甲醛、醋酸酐和醋酸钾制备肉桂酸的方法；
3. 初步掌握水蒸气蒸馏的操作方法；
4. 理解并掌握肉桂酸提纯的方法。

【实验原理】

由不含 α-H 的芳香醛（如苯甲醛）在强碱弱酸盐（如碳酸钾、醋酸钾等）催化下，与含有 α-H 的酸酐（如乙酸酐、丙酸酐等）发生类似羟醛缩合反应生成 α,β-不饱和羧酸盐，经酸性水解得 α,β-不饱和羧酸的反应称为 Perkin 反应，又称普尔金反应，由 William Henry

Perkin 发展而来。典型的例子是肉桂酸的制备，其制备原理见下：

$$PhCHO + (CH_3CO)_2O \xrightarrow[(2)H_2O,\ HCl]{(1)CH_3COOK} PhCH{=}CHCOOH$$

其中醋酸钾的作用是使酸酐烯醇化得到碳负离子，然后碳负离子与羰基发生亲核加成经两步反应生成较稳定的β-酰氧基丙酸负离子，最终经β-消除反应、酸化得到目标分子肉桂酸。理论上肉桂酸存在顺反两种结构，但是在实际制备过程中只生成了反式肉桂酸（熔点133℃），这是因为在温度较高的条件下，不稳定的顺式结构（熔点为68℃）很容易转变成结构较为稳定的反式结构。其反应机理见下：

$$(CH_3CO)_2O + CH_3COOK \rightleftharpoons [\,^{-}CH_2CO_2COCH_3 \longleftrightarrow CH_2{=}C(O^-)OCOCH_3\,]$$

$$CH_2{=}C(O^-)OCOCH_3 + PhCHO \longrightarrow Ph{-}CH(O^-){-}CH_2{-}CO{-}O{-}COCH_3 \longrightarrow \text{环状中间体} \longrightarrow Ph{-}CH(OCOCH_3){-}CH_2{-}COO^- \longrightarrow PhCH{=}CHCOO^- \xrightarrow{H^+} PhCH{=}CHCOOH$$

【仪器、试剂与材料】

1. 仪器：油浴锅，循环水真空泵，100mL 圆底烧瓶，球形冷凝管，U 形干燥管，水蒸气蒸馏装置，布氏漏斗，抽滤瓶。

2. 试剂和材料：苯甲醛（C.P.），醋酐（C.P.），无水醋酸钾，浓盐酸，碳酸钠（C.P.）。

主要反应物和生成物的物理常数：

试剂名称	相对分子质量	熔点/℃	沸点/℃	相对密度 d_4^{20}	水溶性
苯甲醛	106.12	−26	178.8	1.0415	微溶于水
醋酐	102.09	−73.1	138.6	1.08	易溶于水
肉桂酸	148.17	133	300	1.245	难溶于水

【实验步骤】

1. 产品的制备

100mL 三口圆底烧瓶的中间口配有空气冷凝管，一侧插入量程为 0～200℃的温度计，温度计水银球的位置要在液面以下，另一侧用玻璃塞塞住。反应装置如图所示。

在三口圆底烧瓶中分别加入 2.1g（2mL，0.02mol）新蒸馏过的苯甲醛[注1]，6g（2.8mL，0.06mol）新蒸过的醋酐和 6g（0.06mol）新煅烧并粉碎成粉状的醋酸钾[注2、注3]（也可以用醋酸钠代替，但是加热反应时间需加长）。混合均匀后，加热至 160℃反应 1h 后停止反应[注4]。

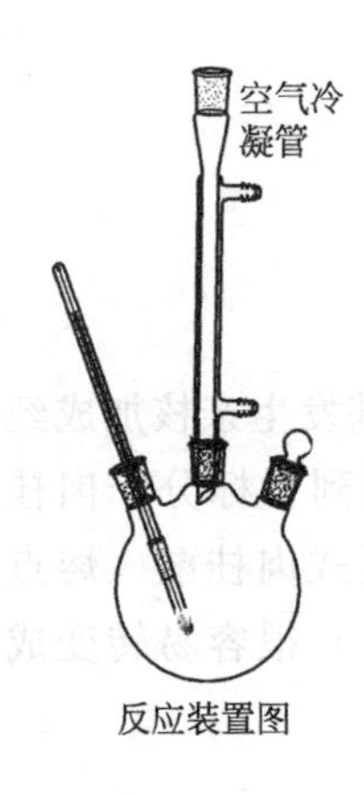

反应装置图

2. 产品的精制

待反应混合物自然冷却至80～100℃时，趁热将混合物倒入盛有约10mL水的100mL圆底烧瓶中并用少量热水冲洗原反应瓶。在剧烈搅拌下加入饱和碳酸钠溶液，至用玻璃棒蘸取一滴反应液能使石蕊试纸由红变蓝为止，然后水蒸气蒸馏（装置图见下）除去未反应的苯甲醛，至馏出液中无油珠为止。卸下水蒸气蒸馏装置，向三口烧瓶中加入约0.6g活性炭，加热沸腾2～3min。然后热过滤。将滤液转移至干净的100mL烧杯中，慢慢地用浓盐酸酸化至明显的酸性为止（大约用15mL浓盐酸）。然后冷却至肉桂酸充分结晶析出，抽滤（装置图见下），晶体用少量冷水洗涤后，再次抽滤后（要把水分彻底抽干），在100℃下干燥，可得1.5～2g产品。反式肉桂酸纯品为白色针状固体，用显微熔点测定仪测定熔点为133℃。

3. 产品的鉴定

取少量干燥后的肉桂酸，用溴化钾压片后，利用红外光谱仪来鉴定物质的结构。与标准图谱对比，并归属出肉桂酸的特征吸收峰。

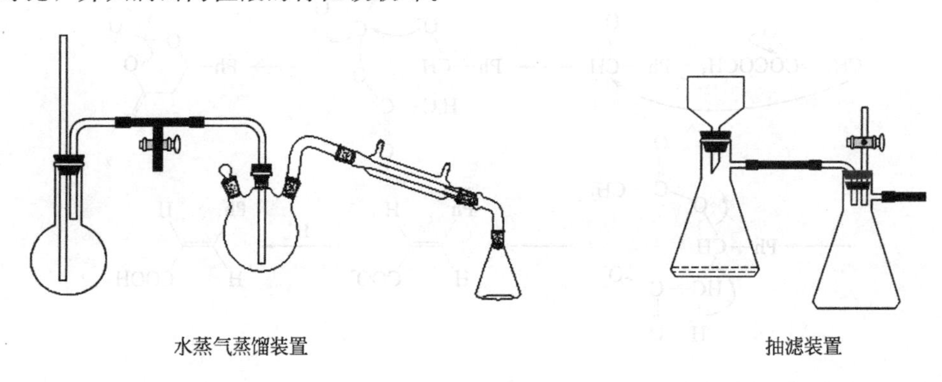
水蒸气蒸馏装置　　　　抽滤装置

【实验结果与数据处理】

实验步骤	实验现象与解释
所得肉桂酸的质量：	产率：
产品的鉴定	红外光谱特征吸收峰值：

【实验注意事项】

[1] 久置的苯甲醛会自行氧化成苯甲酸，混入产品中不易去除，影响产品的纯度，故在使用前应重蒸。

[2] 在熔融无水醋酸钾时，应不断搅拌使水分尽快蒸发，同时防止炭化变黑。

[3] 无水醋酸钾需新鲜熔焙。将含水醋酸钾放入蒸发皿中加热，则应先在所含的结晶水中溶化，水分挥发后又结成固体。强热使固体再熔化，并不断搅拌，使水分散发后，趁热倒在金属板上，冷后用研钵研碎，放入干燥器中待用。

[4] 开始加热不要过猛，以防醋酸酐受热分解而挥发，白色烟雾不要超过空气冷凝管高度的 1/3。

【思考题】

1. 为什么说 Perkin 反应是变相的羟醛缩合反应？其反应机理是怎样的？

2. 用无水醋酸钾做缩合剂，回流结束后加入固体碳酸钠使溶液呈碱性，此时溶液中有哪几种化合物，各以什么形式存在？

3. 本实验用水蒸气蒸馏的目的是什么？如何判断蒸馏终点？

4. 水蒸气蒸馏前若用氢氧化钠代替碳酸钠碱化时有什么不好？

【e 网链接】

1. http://baike. baidu. com/view/1312908. htm

2. http://baike. baidu. com/view/2596465. htm

3. http://sdbs. db. aist. go. jp/sdbs/cgi-bin/direct _ frame _ top. cgi

[附图]

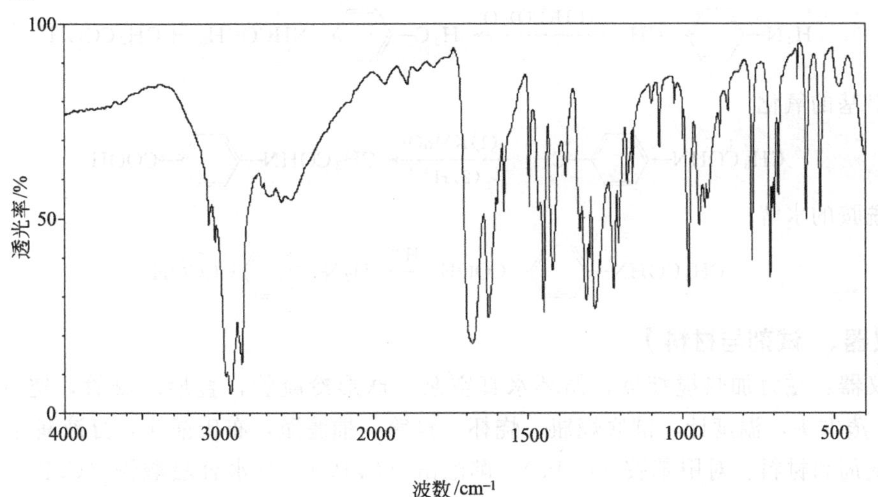

3066	46	2594	62	1496	60	1286	26	770	37
3056	50	2528	52	1466	50	1268	36	711	33
3027	42	1680	17	1450	24	1223	31	704	50
2966	0	1620	23	1420	36	1207	42	698	47
2927	4	1620	29	1334	44	960	31	684	53
2855	12	1600	52	1313	27	945	46	592	47
2662	63	1578	60	1303	38	926	50	644	60

肉桂酸的红外光谱图

实验30 对氨基苯甲酸的制备

【实验目的与要求】

1. 理解实验室制备对氨基苯甲酸的原理；

2. 掌握以对甲苯胺为原料合成对氨基苯甲酸的实验方法；

3. 学习和掌握抽滤的操作方法。

【实验原理】

对氨基苯甲酸广泛应用于合成染料和医药中间体。如用来生产活性红 M-80，M-10B，活性红紫 X-2R 等染料以及制取氰基苯甲酸生产药物对羧基苄胺。对氨基苯甲酸可用作防晒剂，其衍生物对二甲氨基甲酸辛酯是优良的防晒剂。也是合成磺胺类药物的重要中间体。

以对氨基甲苯为原料经三步反应可以生成目标产物对氨基苯甲酸。第一步反应：氨基的酰化，因为氨基较为活泼，在氧化甲基的过程中会发生副反应，所以第一步利用醋酸酐将氨基保护起来。第二步反应：甲基的氧化。用到的氧化剂是高锰酸钾，在反应过程中紫色的高锰酸盐被还原成棕色的二氧化锰，由于在反应过程中有氢氧根生成，故要加入少量的硫酸镁作为缓冲剂，使体系的碱性不至于太强而使氨基脱保护。氧化后的产物为羧酸盐，经酸化后得到酸而析出。第三步反应：酰胺水解反应。此步反应较易，在稀酸条件下即可实现氨基的脱保护。

1. 氨基的乙酰化

$$H_2N-C_6H_4-CH_3 \xrightarrow{(CH_3CO)_2O} H_3C-C_6H_4-NHCOCH_3 + CH_3COOH$$

2. 甲基的氧化

$$CH_3COHN-C_6H_4-CH_3 \xrightarrow[(2)H^+]{(1)KMnO_4} CH_3COHN-C_6H_4-COOH$$

3. 酰胺的水解

$$CH_3COHN-C_6H_4-COOH \xrightarrow{H^+} H_2N-C_6H_4-COOH$$

【仪器、试剂与材料】

1. 仪器：磁力加热搅拌器，循环水真空泵，球形冷凝管，直形冷凝管，空气冷凝管，牛角管，蒸馏头，温度计，圆底烧瓶、烧杯、量筒，抽滤瓶，布氏漏斗，分液漏斗。

2. 试剂和材料：对甲苯胺（C. P.），醋酸酐（C. P.），三水合醋酸钠（C. P.），高锰酸钾（C. P.），七水硫酸镁（C. P.），浓盐酸，15%盐酸溶液，玻璃棒，钥匙，pH 试纸，表面皿。

主要反应物和生成物的物理常数：

试剂名称	相对分子质量	熔点/℃	沸点/℃	相对密度 d_4^{20}	水溶性
对甲苯胺	107.15	43～45	200～202	0.962	微溶于水
醋酐	102.09	−73.1	138.6	1.08	易溶于水
三水合醋酸钠	136.08	58	—	1.528	易溶于水

续表

试剂名称	相对分子质量	熔点/℃	沸点/℃	相对密度 d_4^{20}	水溶性
对甲基乙酰苯胺	149.19	148～151	307	1.212	微溶于水
乙酰氨基苯甲酸	179.17	259～262	—	—	微溶于水
对氨基苯甲酸	137.14	187～188	—	1.374	微溶于水

【实验步骤】

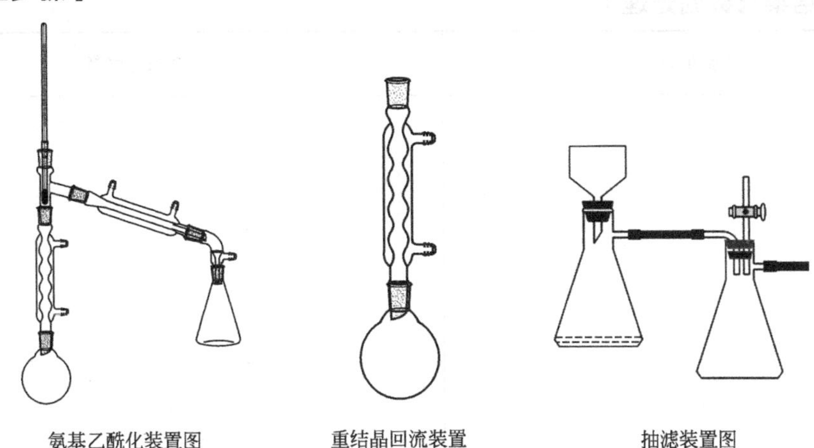

氨基乙酰化装置图　　重结晶回流装置　　抽滤装置图

1. 产品的制备

(1) 氨基的乙酰化

100mL 的圆底烧瓶上装球形冷凝管，球形冷凝管上接有温度计用于检测顶部的温度。用 50mL 锥形瓶做接收器。

向 100mL 圆底烧瓶中，分别加入 10.7g（0.1mol）对甲苯胺、14.4mL（0.25mol）冰醋酸、0.1g 锌粉（≤0.1g），加热，使反应温度保持在 100～110℃之间，当反应温度自动降低时，表示反应已经完成。取下圆底烧瓶，将反应混合物倒入盛有冰水的 500mL 烧杯中，冷却结晶，然后抽滤，取滤渣即对甲基乙酰苯胺。取 2g 对甲基乙酰苯胺（其他的放入烘箱中烘干）放入 50mL 圆底烧瓶中，再加入 10mL 2∶1 的乙醇-水溶液和适量活性炭[注1]，搭建回流装置进行重结晶，加热 15min 后趁热抽滤除去活性炭，再冷却结晶，抽滤得对甲基乙酰苯胺，用滤纸干燥后，取少量样品测熔点，并记录数据。将烘干后的对甲基乙酰苯胺与重结晶后的对甲基乙酰苯胺一起称重，记录数据。

(2) 甲基的氧化

在 100mL 烧杯中加入 7.5g（0.05mol）对甲基乙酰苯胺，20g 七水硫酸镁，混合均匀。在 500mL 烧杯中倒入 19g 高锰酸钾[注2]（0.12mol）和 420mL 冷水，充分溶解后，从大烧杯中移取 20mL 溶液于 50mL 的烧杯中，然后将对甲基乙酰苯胺和七水硫酸镁的混合物倒入 500mL 的烧杯中，加热至 85℃，并不停地搅拌，然后边搅拌边逐滴加入 20mL 高锰酸钾的水溶液，至用滤纸检验时紫环消褪很慢时停止滴加。趁热过滤，在滤液中加入盐酸溶液生成大量沉淀，抽滤，干燥称得产品质量为 6g。

(3) 酰胺的水解

将 5.39g（0.03mol）对乙酰氨基苯甲酸与 40.0mL 18%盐酸溶液投入 100mL 圆底烧瓶中，加热回流 0.5h。停止反应。将反应混合体系冷却至室温，然后加入 50mL 水，用 10%氨水溶液调节 pH 至有大量沉淀生成（pH≈5），放置过夜，抽滤，滤饼用少量冰水洗涤，得粗品对氨基苯甲酸。

2. 产品的精制

粗品经沸水重结晶，活性炭脱色后得到纯品。纯对氨基苯甲酸为无色针状晶体，在空气中或光照下变为浅黄色，熔点为 187～188℃。实验得到的熔点略低[注3]。

3. 产品的鉴定

取少量干燥后的对氨基苯甲酸，先用显微熔点测定仪测定熔点，并记录。如果测得的熔点为 187～188℃，再用溴化钾压片，利用红外光谱仪来鉴定物质的结构。与标准图谱对比，并归属出对氨基苯甲酸的特征吸收峰。

【实验结果与数据处理】

实验步骤	实验现象与解释
对甲基乙酰苯胺：	产率：
对乙酰氨基苯甲酸：	产率
对氨基苯甲酸：	产率：
总产率：	
产品的鉴定	熔点： 红外光谱的特征吸收峰值：

【实验注意事项】

[1] 活性炭脱色时，活性炭的量一般为样品量的 1%～5%。

[2] 配制好的高锰酸钾溶液再加入到对甲基乙酰苯胺的混合物中时，要分批加入，在加入时要不停地搅拌，以免局部过热，破坏反应。

[3] 对产物的重结晶尝试效果不好，产物可以直接做下一步反应，没有影响。

【思考题】

1. 在第一步酰化反应中，为什么要加入醋酸钠？

2. 第二步氧化反应中，加入七水硫酸镁的目的是什么？

3. 最后一步水解反应中，用氢氧化钠溶液代替氨水中和可以吗？中和后加入醋酸的目的何在？

【e 网链接】

http://sdbs.db.aist.go.jp/sdbs/cgi-bin/direct_frame_top.cgi

［附图］

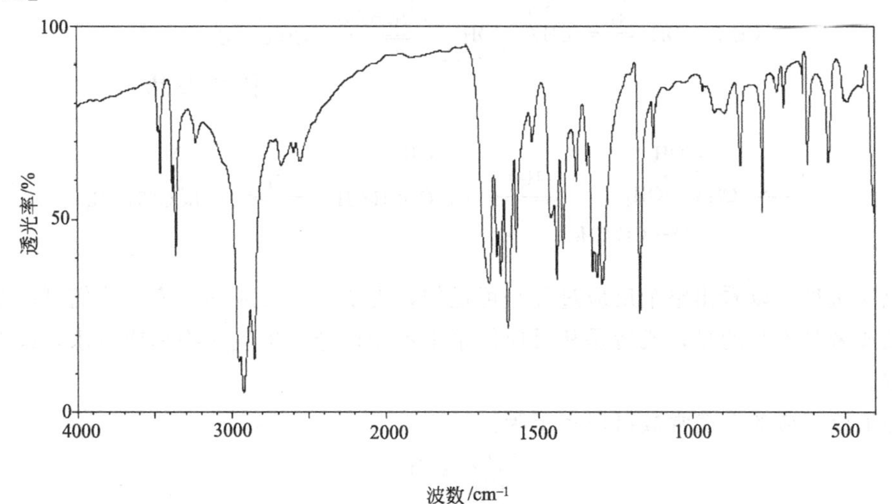

3476	70	2869	20	1626	34	1378	67	1129	66	H$_2$N—C$_6$H$_4$—C(=O)—OH
3461	60	2855	13	1601	21	1344	62	1120	77	
3382	55	2675	62	1575	39	1326	35	894	74	
3364	39	2594	64	1523	68	1320	39	843	62	
3233	68	2563	62	1463	49	1310	34	772	50	
2954	12	1662	32	1442	33	1297	32	622	62	
2924	4	1637	38	1423	41	1176	24	554	62	

对氨基苯甲酸的红外光谱图

实验 31　乙酸乙酯的制备

【实验目的与要求】

1. 学习酯化反应的基本原理和制备方法；
2. 学习恒压滴液漏斗的使用；
3. 掌握蒸馏和分液的操作方法。

【实验原理】

乙酸乙酯属于简单的羧酸酯，在化工行业、轻工业、食品工业、高档胶黏剂业等领域有着广泛的应用，乙酸乙酯可由乙酸和乙醇在催化剂条件下直接酯化来制备，也可以利用醋酐、酰氯和乙腈的醇解，有时也可以利用羧酸盐与卤代烷或硫酸酯的反应来制得。

工业和实验室制备羧酸酯最重要的方法是由酸做催化剂直接酯化，常用的催化剂有硫酸、盐酸和对甲苯磺酸，近年来也有不少研究者对此实验做出了改进，大都是在催化剂的重新选择上，如选用一水合硫酸氢钠、杂多酸、四氯化锡等作为催化剂，都获得了较高的产率。

$$CH_3COOH + CH_3CH_2OH \xrightleftharpoons{H^+} CH_3COOCH_2CH_3$$

酸的作用是使羧羰基质子化，提高羧羰基的反应活性。

$$CH_3\overset{O}{\overset{\|}{C}}-OH \overset{H^+}{\rightleftharpoons} CH_3\overset{OH^+}{\overset{\|}{C}}-OH \overset{CH_3CH_2OH}{\rightleftharpoons} CH_3\underset{\underset{+H}{O}-CH_2CH_3}{\overset{OH}{C}}-OH$$

$$\rightleftharpoons CH_3\underset{O-CH_2CH_3}{\overset{OH}{C}}-OH_2^+ \overset{-H_2O}{\rightleftharpoons} CH_3\overset{OH^+}{\overset{\|}{C}}OCH_2CH_3 \overset{-H^+}{\rightleftharpoons} CH_3\overset{O}{\overset{\|}{C}}OCH_2CH_3$$

由反应机理可以看出整个反应过程是可逆的，为了提高反应的产率，我们可以在反应中增加乙酸或者是乙醇的量，或者是从反应体系中不断地分离出生成物酯或者水，或者两种措施都采取。

醋酸酯化反应的平衡常数可以表示为：

$$K_e=\frac{[乙酸乙酯][水]}{[醋酸][乙醇]}$$

此反应的平衡常数 K_e 约为 4，从化学反应方程式可以看出，如果我们用等物质量的醋酸和乙醇反应来制备乙酸乙酯的话，达到平衡以后约有 2/3 的醋酸和乙醇转变为乙酸乙酯。

平衡常数在一定温度下为一常数，故增加醋酸或者乙醇的量无疑会增加酯的产量，使用过量的酸还是醇，则主要取决于原料是否易得、价格、过量的原料与产物容易分离与否等因素。

理论上催化剂的量不影响平衡混合物的组成，但是加入过量的酸，可以增大反应的平衡常数。因为过量酸的存在改变了体系的环境，并通过水合反应除去了反应中生成的部分水。

【仪器、试剂与材料】

1. 仪器：100mL 三口瓶，恒压滴液漏斗，球形冷凝管，温度计玻璃管，直形冷凝管，蒸馏头，接引管，分液漏斗，锥形瓶。

2. 试剂和材料：无水乙醇，冰醋酸（C. P.），浓硫酸，饱和碳酸钠溶液，饱和食盐水，饱和氯化钙溶液，无水硫酸镁（C. P.），95% 乙醇，一水合硫酸氢钠（C. P.），沸石，冰。

主要反应物和生成物的物理常数：

试剂名称	相对分子质量	熔点/℃	沸点/℃	相对密度 d_4^{20}	水溶性
无水乙醇	46	−114.1	78.3	0.79	与水混溶
冰醋酸	60.05	16.5	117.9	1.050	易溶于水
98%硫酸	98.08	10.49	338	1.84	易溶于水
乙酸乙酯	88.11	−84	77	0.897	微溶于水

【实验步骤】

实验方法一

1. 产品的制备

100mL 三口圆底烧瓶的中间口配有恒压滴液漏斗，一侧接球形冷凝管，另一侧插入量程为 0～100℃的温度计，水银球的位置要在液面以下，另一侧用玻璃塞塞住。

在 50mL 烧瓶中加入 9.5g（12mL，0.2mol）无水乙醇和 6.3g（6mL，0.10mol）冰醋酸，在不断搅拌下利用恒压滴液漏斗小心加入 2.5mL 浓硫酸，搅拌均匀后，加入沸石，装上冷凝管。慢慢升温加热烧瓶，保持缓慢回流 0.5h 即可[注1]。停止反应。

2. 产品的精制

待瓶内反应物稍冷后，将回流装置改成蒸馏装置，接收瓶用冷水冷却。加热蒸出生成的乙酸乙酯，直到馏出液体积约为反应物总体积的 1/2 为止。在馏出液中慢慢加入饱和碳酸钠溶液，并不断振荡，直至不再有二氧化碳气体产生（或调节至 pH 试纸不再显酸性），然后转入分液漏斗中分去水层，有机层分别用 5mL 饱和食盐水[注2]、5mL 饱和氯化钙溶液洗涤两次[注3]、5mL 水洗涤，将有机层倒入一干燥的锥形瓶中，用适量无水硫酸镁干燥。将干燥后的有机层进行蒸馏，收集 73～78℃之间的馏分。

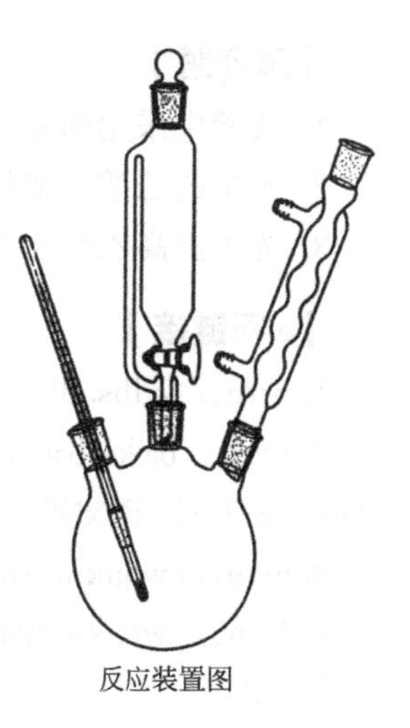

反应装置图

实验方法二

1. 产品的制备

在 100mL 圆底烧瓶中加入冰乙酸 12.6g（12mL，0.2mol），95%乙醇 20mL（0.33mol）和一水合硫酸氢钠 2.0g（0.014mol），搅拌均匀后，投入几粒沸石，然后装上冷凝管。加热保持缓缓回流 30min[注1]。停止反应。

2. 产品的精制

待瓶内反应物冷却后，将回流装置改成蒸馏装置，加热蒸出乙酸乙酯，蒸馏温度不得超过 85℃。在馏出液中慢慢加入饱和碳酸钠溶液约 20mL，并不断振荡直至无二氧化碳逸出，石蕊试纸检验酯层显碱性为止。将馏出液移入分液漏斗，充分振摇后，静置，分出下层洗涤液。酯层用 10mL 饱和食盐水洗涤[注2]，分出下层洗涤液，再用 10mL 饱和氯化钙溶液洗涤[注3]，分出下层洗涤液，酯层自分液漏斗上口倒入干燥的 50mL 锥形瓶中，用 2～3g 无水硫酸镁干燥。将干燥过的粗乙酸乙酯滤入 60mL 蒸馏烧瓶。收集 73～78℃之间的馏分。

3. 产品的鉴定

取少量干燥后的乙酸乙酯，利用红外光谱仪来鉴定物质的结构。与标准图谱对比，并归属出乙酸乙酯的特征吸收峰。

【实验结果与数据处理】

<table>
<tr><th colspan="2">实验步骤</th><th>实验现象与解释</th></tr>
<tr><td colspan="2"></td><td></td></tr>
<tr><td colspan="2">所得乙酸乙酯的质量：</td><td>产率：</td></tr>
<tr><td>产品的鉴定</td><td colspan="2">红外光谱特征吸收峰值：</td></tr>
</table>

【实验注意事项】

[1] 温度过高会增加副产物乙醚的含量。

[2] 为了防止有机层在用碳酸钠洗涤后产生絮状碳酸钙沉淀，使进一步分离困难，并尽可能减少乙酸乙酯的损失，故需用饱和食盐水进行洗涤。

[3] 在馏出液中除了酯和水外，还有少量未反应的乙醇和乙酸，也含有副产物乙醚。故必须用碱除去其中的酸，并用饱和氯化钙除去未反应的醇，否则会影响酯的产率。

【思考题】

1. 实验中采用醋酸过量的做法是否合适，为什么？
2. 蒸出的乙酸乙酯粗品中含有哪些杂质？如何除去？
3. 为了提高乙酸乙酯的产量我们采取了哪些措施？

【e 网链接】

1. http://sdbs.db.aist.go.jp/sdbs/cgi-bin/direct_frame_top.cgi
2. http://baike.baidu.com/link?url=Z-QCD5aV3t3FIVIt3gZZbZDJYGm-PSPkBZZNoAgMq9uM6HnSEUMu-BFxN6kMqmuf
3. http://wenku.baidu.com/view/2bffc527a5e9856a561260c5.html
4. http://wenku.baidu.com/view/fc714cdad15abe23482f4df6.html

[附图]

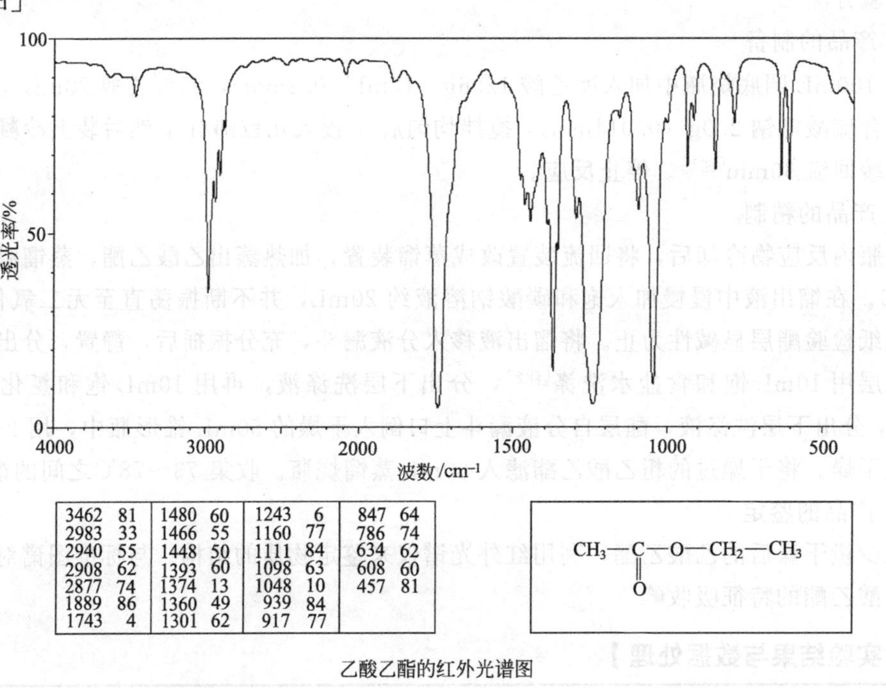

3462	81	1480	60	1243	6	847	64
2983	33	1466	55	1160	77	786	74
2940	55	1448	50	1111	84	634	62
2908	62	1393	60	1098	63	608	60
2877	74	1374	13	1048	10	457	81
1889	86	1360	49	939	84		
1743	4	1301	62	917	77		

乙酸乙酯的红外光谱图

实验 32 乙酰乙酸乙酯的制备

【实验目的与要求】

1. 学习 Claisen 酯缩合反应的机理和应用；
2. 掌握在酯缩合反应中金属钠的使用和操作注意事项；
3. 学习液体干燥和减压蒸馏等基本实验操作技能。

【实验原理】

乙酰乙酸乙酯（简称三乙）是一种重要的化工中间体，三乙的合成在理论和有机合成方面都有重要的意义。乙酰乙酸乙酯是通过含 α-活泼氢的酯在强碱性试剂（如 Na、NaH、

$NaNH_2$、三苯甲基钠、格式试剂）存在的条件下与另一分子酯发生克莱森缩合反应而生成的 β-羰基羧酸酯。虽然反应中使用金属钠作缩合试剂，但是真正的催化剂是钠与乙酸乙酯中残留的少量乙醇发生反应而产生的乙醇钠。

$$2CH_3COOCH_2CH_3 \xrightarrow{EtONa} CH_3COCH_2COOCH_2CH_3 + EtOH$$

反应经历了以下历程

1. 酸-碱交换

$$H_3C\text{—}COOCH_2CH_3 \underset{}{\overset{EtO^-}{\rightleftharpoons}} \left[{}^-CH_2COCH_2CH_3 \longleftrightarrow H_2C{=}C(O^-)\text{—}OC_2H_5 \right]$$

2. 酯羰基加成

$$CH_3COC_2H_5 \overset{{}^-CH_2COCH_2CH_3}{\rightleftharpoons} H\text{—}C(OC_2H_5)(O^-)\text{—}CH_2\text{—}COOC_2H_5$$

3. 脱醇

$$H\text{—}C(OC_2H_5)(O^-)\text{—}CH_2\text{—}COOC_2H_5 \xrightarrow{-EtO^-} \left[CH_3COCH_2COOCH_2CH_3 \overset{-H^+}{\longleftrightarrow} CH_3C(O^-){=}CHCOOC_2H_5 \right]$$

从以上反应机理可以看出，反应应在无水条件下进行。

第一步反应需要 $C_2H_5O^-$，$C_2H_5O^-$ 是由金属钠与乙酸乙酯中残存的少量乙醇反应产生的。一旦反应开始，乙醇就可以不断生成，并与金属钠继续作用产生新的乙醇钠。$C_2H_5O^-$ 的多少由钠决定，故整个反应应以钠为基准。

为确保酸碱交换反应能够进行，要求碱性：$C_2H_5O^- > {}^-CH_2COOC_2H_5$。此反应实际上是强碱制备弱碱的反应过程。

脱醇反应实际上是不可逆的。生成的负离子实际上与钠离子结合以乙酰乙酸乙酯的钠盐形式存在。因此最后必须用酸酸化，才能使乙酰乙酸乙酯游离出来。

乙酰乙酸乙酯与其烯醇式是互变结构现象的一个典型例子，它们是酮式和烯醇式平衡的混合物，在室温时含 93%的酮式和 7%的烯醇式。单个异构体具有不同性质并能分离为纯态，但在微量酸碱催化下迅速转化为两者的平衡混合物。

乙酰乙酸乙酯的钠化物在醇溶液中可与卤代烷发生亲核取代，生成一烷基或二烷基取代的乙酰乙酸乙酯。取代的乙酰乙酸乙酯有两种水解方式，即成酮水解和成酸水解。用冷的稀碱溶液处理，酸化后加热脱羧，即发生酮水解，可用来合成取代丙酮。如与浓碱在醇溶液中加热，则发生酸水解，生成取代乙酸。

【仪器、试剂与材料】

1. 仪器：25mL 圆底烧瓶，球形冷凝管，磁力加热搅拌器，干燥管，石棉网，分液漏斗，蒸馏瓶，减压蒸馏装置。

2. 试剂和材料：金属钠（C. P.），乙酸乙酯（C. P.），二甲苯（C. P.），醋酸（C. P.），饱和氯化钠溶液，无水硫酸钠（C. P.）。

主要反应物和生成物的物理常数：

试剂名称	相对分子质量	熔点/℃	沸点/℃	相对密度 d_4^{20}	水溶性
乙酸乙酯	88.11	−84	77	0.897	微溶于水
钠	23	97.81	882.9	0.97	与水剧烈反应
乙酰乙酸乙酯	130.14	−45	180.4	1.03	易溶于水

【实验步骤】

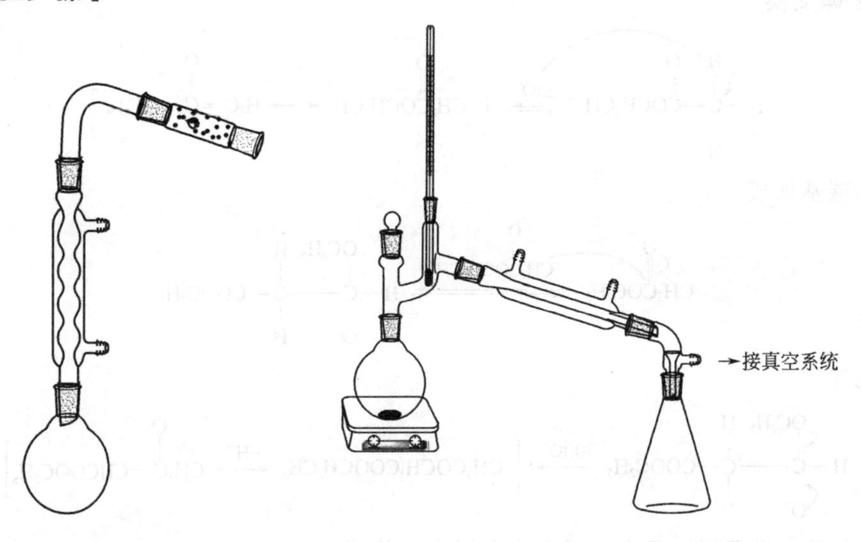

反应装置图　　　减压蒸馏装置图

1. 产品的制备

(1) 熔钠和摇钠

在干燥[注1]的25mL圆底烧瓶中加入0.5g（0.022mol）金属钠和2.5mL二甲苯，装上冷凝管，加热使钠熔融。拆去冷凝管，用磨口玻璃塞塞紧圆底烧瓶，用力振摇得细粒状钠珠[注2]。

(2) 缩合和酸化

稍经放置钠珠沉于瓶底，将二甲苯倾倒入二甲苯回收瓶中（切勿倒入水槽或废物缸，以免着火）。迅速向瓶中加入5.5mL（0.057mol）乙酸乙酯[注3]，重新装上冷凝管，并在其顶端装一氯化钙干燥管。反应随即开始，并有氢气泡逸出。如反应很慢时，可稍加温热。待激烈地反应过后，置反应瓶于石棉网上小火加热，保持微沸状态，直至所有金属钠全部作用完为止[注4]。反应约需0.5h。此时生成的乙酰乙酸乙酯钠盐为橘红色透明溶液（有时析出黄白色沉淀）。待反应物稍冷后，在摇荡下加入50%的醋酸溶液，直到反应液呈弱酸性（约需3mL）[注5]。此时，所有的固体物质均已溶解。

2. 产品的精制

(1) 盐析和干燥

将溶液转移到分液漏斗中，加入等体积的饱和氯化钠溶液，用力摇振片刻。静置后，乙酰乙酸乙酯分层析出。分出上层粗产物，用无水硫酸钠干燥后滤入蒸馏瓶，并用少量乙酸乙酯洗涤干燥剂，一并转入蒸馏瓶中。

(2) 蒸馏和减压蒸馏

先在沸水浴上蒸去未反应的乙酸乙酯，然后将剩余液移入5mL圆底烧瓶中，用减压蒸馏装置进行减压蒸馏[注6]。减压蒸馏时须缓慢加热，待残留的低沸点物质蒸出后，再升高温度，收集乙酰乙酸乙酯。产量约 1.1g（产率 40%）[注7]。

3. 产品的鉴定

取少量干燥后的乙酰乙酸乙酯，利用红外光谱仪来鉴定物质的结构。与标准图谱对比，并归属出乙酰乙酸乙酯的特征吸收峰。

【实验结果与数据处理】

实验步骤	实验现象与解释
所得乙酰乙酸乙酯的质量：	产率：
产品的鉴定	红外光谱特征吸收峰值：

【实验注意事项】

[1] 仪器干燥，严格无水。金属钠遇水即燃烧爆炸，故使用时应严格防止钠接触水或皮肤。钠的称量和切片要快，以免氧化或被空气中的水汽侵蚀。多余的钠片应及时放入装有烃溶剂（通常二甲苯）的瓶中。

[2] 摇钠为本实验关键步骤，因为钠珠的大小决定着反应的快慢。钠珠越细越好，应呈小米状细粒。否则，应重新熔融再摇。摇钠时应用干抹布包住瓶颈，快速而有力地来回振摇，往往最初的数下有力振摇即达到要求。切勿对着人摇，也勿靠近实验桌摇，以防意外。

[3] 乙酸乙酯必须绝对无水（但可含微量乙醇），若含较多的水或乙醇，必须进行提纯。提纯方法如下：将普通乙酸乙酯用饱和氯化钙溶液洗涤数次，再用熔焙过的无水碳酸钾干燥，蒸馏收集 76～78℃馏分。

[4] 倘若有少量未反应的钠，并不影响下一步的操作，但酸化时要小心。

[5] 酸化时，开始有固体乙酰乙酸乙酯钠盐析出，继续酸化，固体逐渐转化为游离的乙酰乙酸乙酯而呈澄清的液体。如最后尚有少许固体醋酸钠未完全溶解，可加少量水溶解之，但不要加入过量的醋酸，否则会因乙酰乙酸乙酯的溶解度增加而降低产量。

[6] 乙酰乙酸乙酯在常压蒸馏时易分解，产生“去水乙酸”。

[7] 产率是按金属钠计算的。

【思考题】

1. 什么是 Claisen 酯缩合反应中的催化剂？本实验为什么可以用金属钠代替？为什么计算产率时要以金属钠为基准？

2. 本实验中加入 50% 醋酸和饱和氯化钠溶液有何作用？

3. 如何实验证明常温下得到的乙酰乙酸乙酯是两种互变异构体的平衡混合物？

【e网链接】

1. http://sdbs. db. aist. go. jp/sdbs/cgi-bin/direct _ frame _ top. cgi
2. http://baike. baidu. com/link? url=eu2kQInHfm-OMN1fFQENvn3w5QN14PjyDTfoiBsEArRIUTxPGO8inw5LA7cP2xyZ
3. http://wenku. baidu. com/view/4ac6648da0116c175f0e4818. html
4. http://wenku. baidu. com/view/9a338363f5335a8102d22024. html

[附图]

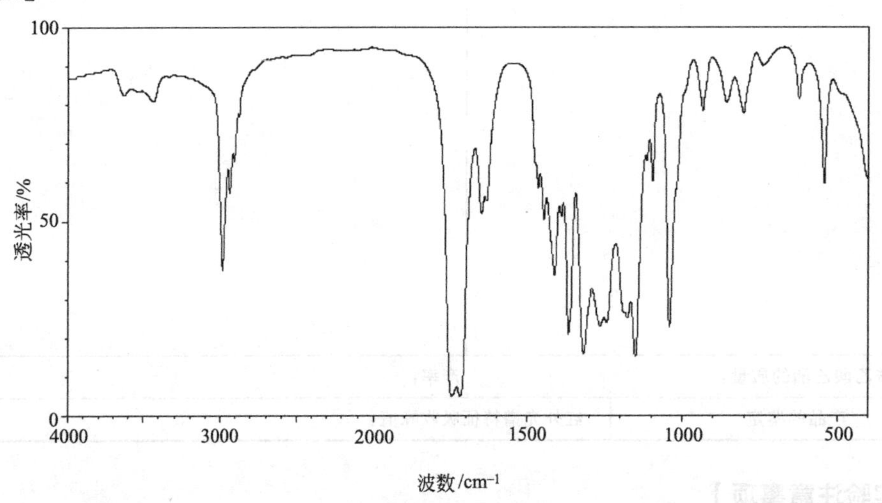

3634	79	1731	7	1391	49	1163	14	626	79	$CH_3-\underset{\underset{O}{\parallel}}{C}-CH_2-\underset{\underset{O}{\parallel}}{C}-O-CH_2-CH_3$
3438	77	1719	4	1368	20	1116	62	543	57	
2985	35	1651	50	1319	15	1097	58			
2941	66	1634	63	1266	21	1042	21			
2910	62	1467	57	1245	23	935	77			
2878	74	1448	49	1189	25	859	77			
1746	4	1413	34	1179	23	803	74			

乙酰乙酸乙酯的红外光谱图

实验33 苯甲酸乙酯的制备

【实验目的与要求】

1. 了解化学反应中三元共沸除水原理；
2. 掌握分水器的使用；
3. 掌握减压蒸馏等实验的基本操作技能。

【实验原理】

苯甲酸和乙醇在浓硫酸催化作用下进行酯化，生成苯甲酸乙酯和水：

$$PhCOOH + CH_3CH_2OH \xrightleftharpoons{H^+} PhCOOCH_2CH_3$$

由于苯甲酸乙酯的沸点非常高，蒸馏非常困难，所以本实验在反应体系中引入环己烷，使环己烷、水和乙醇组成三元共沸物。其共沸点为62.1℃，三元共沸物经冷却后分成两相，环己烷的密度较小，因此在上层的比例较大，而水在下层的比例大，放出下层即可除去反应中生成的水。水的分出也促使酯化反应完全。

苯甲酸乙酯的合成机理：

$$\mathrm{PhC(=O)—OH} \overset{H^+}{\rightleftharpoons} \mathrm{PhC(=OH^+)—OH} \overset{CH_3CH_2OH}{\rightleftharpoons} \mathrm{PhC(OH)(OH)(^+HO—C_2H_5)}$$

$$\rightleftharpoons \mathrm{PhC(OH)(OH_2^+)(O—C_2H_5)} \overset{-H_2O}{\rightleftharpoons} \mathrm{PhC(=OH^+)OCH_2CH_3} \overset{-H^+}{\rightleftharpoons} \mathrm{TM}$$

【仪器、试剂与材料】

1. 仪器：100mL 圆底烧瓶，温度计，玻璃塞，分水器，球形冷凝管，水浴锅，pH 试纸。

2. 试剂和材料：苯甲酸（C. P.），95％乙醇，环己烷（C. P.），浓硫酸，碳酸钠（C. P.）。

主要反应物和生成物的物理常数：

试剂名称	相对分子质量	熔点/℃	沸点/℃	相对密度 d_4^{20}	水溶性
苯甲酸	122	122.13	249	1.2659	微溶于水
95％乙醇	46	—	78.32	0.789	与水混溶
苯甲酸乙酯	150.17	－34.6	212.6	1.05	难溶于水

【实验步骤】

1. 产品的制备

① 在 100mL 的三口圆底烧瓶中间口接一分水器，分水器的上端连一个球形冷凝管，一侧插入温度计，另一侧用玻璃塞塞住。

在 100mL 三口圆底烧瓶中加入 6.1g（0.05mol）苯甲酸，13.0mL 95％乙醇，10.0mL 环己烷和 2.0mL 浓硫酸［或 0.65g（0.0025mol）$SnCl_4$，或 0.68g（0.0025mol）$FeCl_3 \cdot 6H_2O$，或 0.43g（0.0025mol）对甲苯磺酸］，摇匀，加沸石，再装上分水器，从分水器上端小心加入环己烷至分水器支管处[注1]，分水器上端接球形冷凝管。

② 将烧瓶在水浴上回流，开始时回流速度要慢，随着回流的进行，分水器中出现了上、下两层液体，且下层越来越多，约 2h 后，分水器中的下层液体约 1.5mL 即可停止加热。继续用水浴加热，使多余的环己烷和乙醇蒸至分水器中（当充满时，可由分水器的活塞放出）[注2]，然后关掉火源。

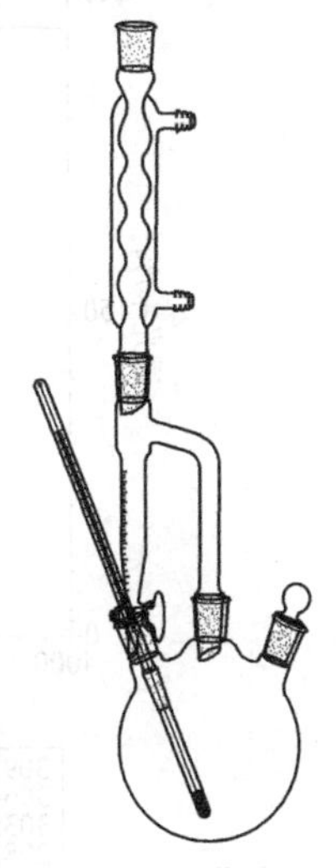
反应装置

2. 产品的精制

加冷水 20.0mL，（如果使用的催化剂是 $SnCl_4$ 或 $FeCl_3 \cdot 6H_2O$，要先过滤，滤液再用碳酸钠粉末中和。）在搅拌下分批加入碳酸钠粉末中和至中性（除硫酸和苯甲酸），用 pH 试纸检验至呈中性[注3]。

3. 产品的鉴定

取少量干燥后的苯甲酸乙酯，利用红外光谱仪来鉴定物质的结构。与标准图谱对比，并归属出苯甲酸乙酯的特征吸收峰。

【实验结果与数据处理】

实验步骤	实验现象与解释
所得苯甲酸乙酯的质量：	产率：
产品的鉴定	红外光谱特征吸收峰值：

【实验注意事项】

1. 水-乙醇-环己烷三元共沸物的共沸点为62.5℃，其中含水4.8%、乙醇19.7%、环己烷75.5%。生成水1.2g左右。

2. 多余的环己烷和乙醇充满分水器时，可由活塞放出，放时应移去火源。

3. 加碳酸钠的目的是除去硫酸和未反应的苯甲酸。要研细后分批加入，否则会产生大量泡沫而使液体溢出。

【思考题】

1. 本实验应用什么原理和措施来提高该平衡反应的产率？

2. 实验中，你是如何运用化合物的物理常数分析现象和指导操作的？

3. 在萃取和分液时，两相之间有时出现絮状物或乳浊液难以分层，如何解决？

【e网链接】

1. http://sdbs.db.aist.go.jp/sdbs/cgi-bin/direct_frame_top.cgi
2. http://wenku.baidu.com/view/72730aa5284ac850ad0242bd.html
3. http://wenku.baidu.com/view/a8c0558171fe910ef12df8a9.html

[附图]

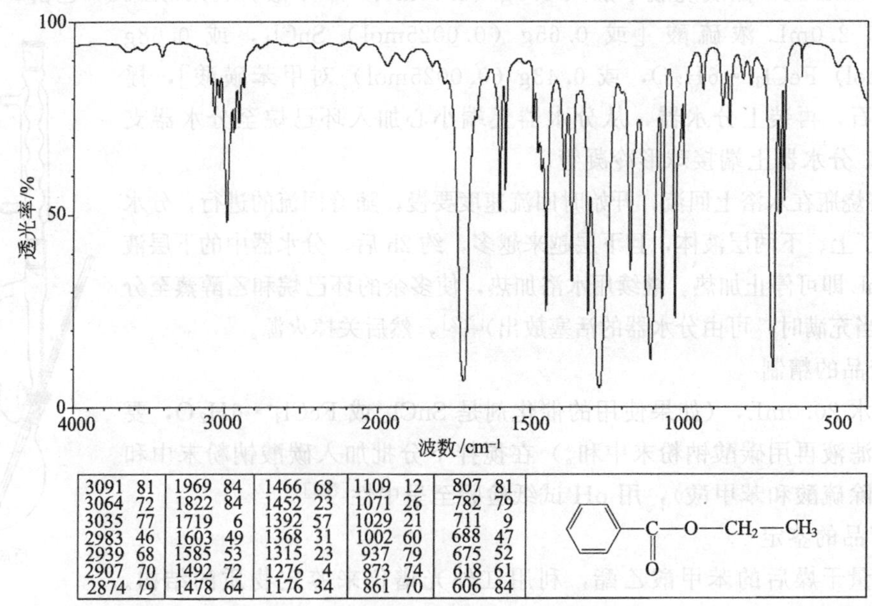

3091	81	1969	84	1466	68	1109	12	807	81
3064	72	1822	84	1452	23	1071	26	782	79
3035	77	1719	6	1392	57	1029	21	711	9
2983	46	1603	49	1368	31	1002	60	688	47
2939	68	1585	53	1315	23	937	79	675	52
2907	70	1492	72	1276	4	873	74	618	61
2874	79	1478	64	1176	34	861	70	606	84

苯甲酸乙酯的红外光谱图

实验 34 己内酰胺的制备

【实验目的与要求】

1. 掌握贝克曼重排制备己内酰胺的原理；
2. 掌握实验室制备己内酰胺的实验方法；
3. 掌握重结晶、抽滤和洗涤等基本操作。

【实验原理】

己内酰胺是一种重要的有机化工原料，它是生产尼龙 6 纤维（即锦纶）和尼龙 6 工程塑料的单体，在汽车、纺织、电子、机械等众多领域具有广泛应用。尼龙 6 工程塑料主要用于生产汽车、船舶、电子器件和日用消费品等构件；尼龙 6 纤维则可制成各种纺织品；此外，己内酰胺还可用于生产 L-赖氨酸、月桂氮卓酮等工业品。己内酰胺常温下容易吸湿，具有微弱的胺类刺激性气味。易溶于水、醇、醚、烷烃、氯仿和芳烃等溶剂。受热易发生聚合反应。纯的己内酰胺为白色晶体或结晶性粉末，熔点 69～71℃。

己内酰胺可以通过环己酮肟为原料在酸性条件下发生 Beckmann 重排制得己内酰胺，其化学反应方程式如下：

HO–N=(环己烷) $\xrightarrow{H^+}$ 己内酰胺（H–N–C=O 七元环）

肟受酸性催化剂如硫酸或五氯化磷等作用，发生分子重排生成酰胺的反应，称为 Beckmann 重排。其机理如下：

环己酮 + NH_2OH ⟶ 环己酮肟（HO–N=） $\xrightarrow{H^+}$ ^+H_2O–N= $\xrightarrow{-H_2O}$ N^+= ⟶ 七元环 N≡C$^+$ $\xrightarrow{H_2O}$ N=C–O^+(H)H $\xrightarrow{-H^+}$ N=C–OH ⟶ 己内酰胺（H–N–C=O）

【仪器、 试剂与材料】

1. 仪器：50mL 三口烧瓶，电热套，温度计，恒压滴液漏斗，石蕊试纸，普通漏斗，分液漏斗，布氏漏斗，抽滤瓶，循环水真空泵。

2. 试剂和材料：环己酮肟（C. P.），85%硫酸溶液，20%的氨水溶液，二氯甲烷（C. P.），无水硫酸镁（C. P.），石油醚（C. P.）。

主要反应物和生成物的物理常数：

试剂名称	相对分子质量	熔点/℃	沸点/℃	相对密度 d_4^{20}	水溶性
环己酮肟	113.16	89～90	206～210	1.1	微溶于水
己内酰胺	113.16	68～71	136～138	1.01	易溶

【实验步骤】

1. 产品的制备

50mL 三口圆底烧瓶的中间口配有恒压滴液漏斗，一侧接球形冷凝管，另一侧插入量程为 0～200℃的温度计，水银球的位置要在液面以下。

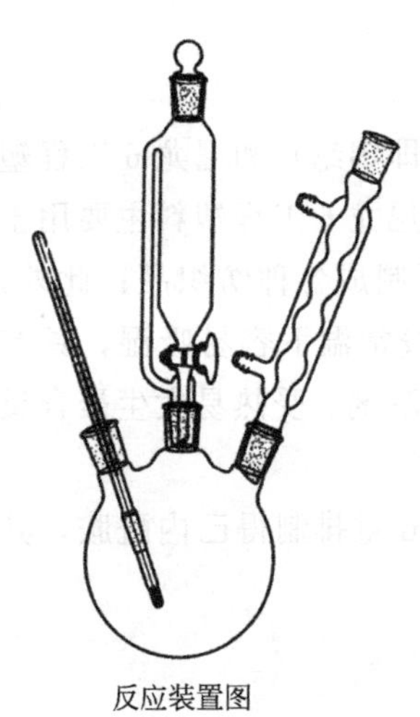

反应装置图

在 50mL 三口烧瓶中加入 2.00g（1.77mol）环己酮肟，3.0mL 85%的硫酸，摇匀。在小火上慢慢加热[注1]，至有气泡产生（约 120℃），立即将火移开，反应剧烈放热，温度很快自行上升（可达 160℃），反应在几秒内即完成。

2. 产品的精制

将反应混合物在冰盐浴中冷却。当溶液温度降至 0℃时，在不停搅拌下慢慢滴加 20%的氨水溶液，控制温度在 10℃以下[注2]，以免己内酰胺受热分解，直至溶液恰好使石蕊试纸变蓝（pH≈8）。抽滤，除去硫酸铵晶体，并用 10mL 二氯甲烷洗涤晶体上吸附的产品。滤液转入分液漏斗中，分出有机相[注3]，再用 10mL 二氯甲烷萃取水相三次，合并有机相经无水硫酸镁干燥后，过滤，滤液在水浴上蒸去溶剂[注4]。小心加入石油醚，至刚好出现浑浊为止。于冰水浴中冷却结晶，抽滤，用少量石油醚洗涤沉淀。干燥、称重。产品约 1.0g，产率约 52%。己内酰胺易吸潮，应于密闭容器中储存。

3. 产品的鉴定

取少量干燥后的己内酰胺，用溴化钾压片，利用红外光谱仪来鉴定物质的结构。与标准图谱对比，并归属出己内酰胺的特征吸收峰。

【实验结果与数据处理】

实验步骤	实验现象与解释
所得己内酰胺的质量：	产率：
产品的鉴定	红外光谱特征吸收峰值：

【实验注意事项】

[1] 由于反应液较少，升温容易过快，要控制好升温速度。

[2] 开始滴加氨水时，反应放热较为剧烈，因此要控制好滴加速度。否则温度过高，将影响反应产率。

[3] 如有机相颜色太深，可用少量活性炭脱色。

[4] 若蒸馏后所剩溶剂较多，加入石油醚后不易析出晶体；较少则所得晶体会包夹过多杂质，此外加入的石油醚的量，都将影响产品重结晶的结果。

【思考题】

1. 反应过程中为什么在气泡产生后，可以将热源撤离？
2. 利用分液漏斗分液时，怎样区别有机层？
3. 产物后处理中，每步洗涤的目的何在？

【e网链接】

1. http://sdbs. db. aist. go. jp/sdbs/cgi-bin/direct _ frame _ top. cgi
2. http://wenku. baidu. com/view/5b47730f4a7302768e9939b7. html
3. http://wenku. baidu. com/view/6b6b66f67c1cfad6195fa781. html

[附图]

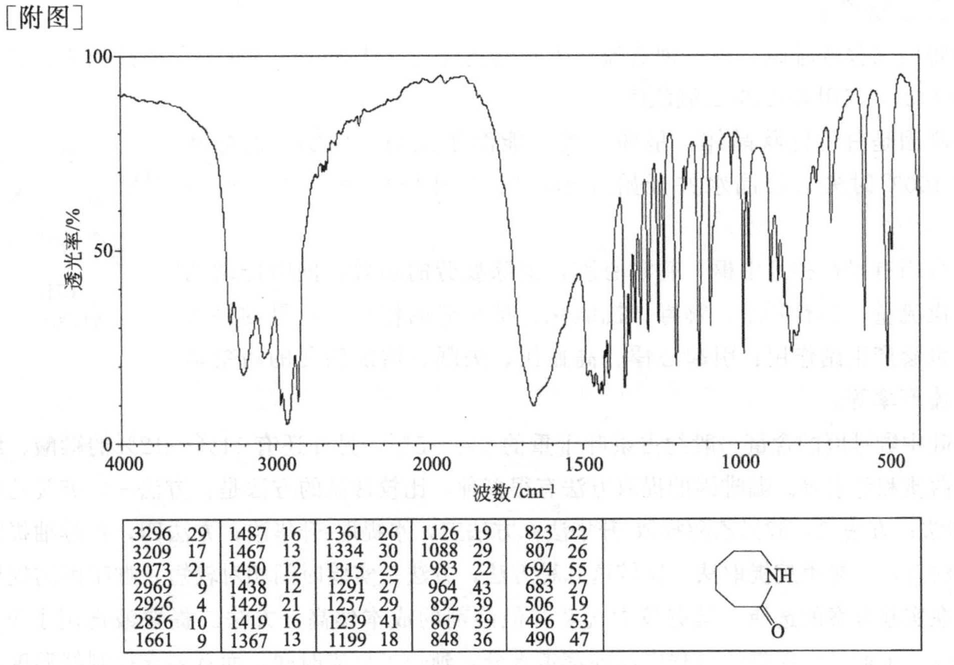

3296	29	1487	16	1361	26	1126	19	823	22
3209	17	1467	13	1334	30	1088	29	807	26
3073	21	1450	12	1315	29	983	22	694	55
2969	9	1438	12	1291	27	964	43	683	27
2926	4	1429	21	1257	29	892	39	506	19
2856	10	1419	16	1239	41	867	39	496	53
1661	9	1367	13	1199	18	848	36	490	47

己内酰胺的红外光谱图

第 4 章 天然产物的提取

实验 35 从茶叶中提取咖啡因

【实验目的与要求】

1. 通过学习从茶叶中提取咖啡因的原理和方法，掌握一种从天然产物中提取有机物的方法；
2. 掌握索氏提取器的提取有机物的原理及使用方法；
3. 进一步掌握萃取、蒸馏、升华等基本操作。

【实验原理】

咖啡因又称咖啡碱，是一种黄嘌呤生物碱化合物，从茶叶、咖啡豆中提炼出来，其化学名称为 1,3,7-三甲基-2,6-二氧嘌呤。

咖啡因是白色针状晶体，呈弱碱性，能溶于氯仿、丙酮、乙醇和水，在 100℃时失去结晶水并开始升华，120℃升华显著，178℃升华很快。

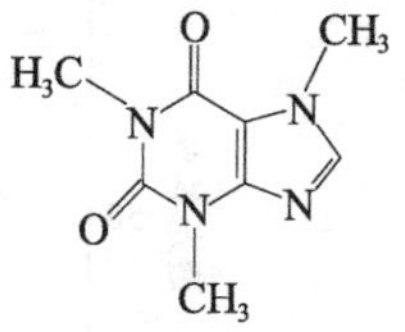

咖啡因

咖啡因有兴奋神经中枢，刺激心脏，消除疲劳的功效，同时能增加肾脏的血流量，具有利尿、解毒、抗氧化、抗衰老的作用。过量的摄入咖啡因也会产生副作用：引起心悸、高血压、失眠、增加胎儿的畸变率和自然流产率等。

茶叶中咖啡因的含量一般约占茶叶干重的 1%～5%，另外还有 11%～12%的鞣酸、纤维素、蛋白质和色素等。咖啡因的提取方法有很多种，比较常见的方法是：方法一，95%乙醇提取-升华法；方法二，67%乙醇提取-升华法；方法三，水提取-升华法；方法四，乙醇抽提结晶法；方法五，二氯甲烷提取法。比较这几种方法，方法一实验时间相对较短，咖啡因的提取率较高，在实验方案的选择上具有较大优势，但溶剂的成本偏高。方法二提取液选用了 $V_{乙醇}$：$V_{水}=2:1$ 提取液，在焙炒过程中需要蒸走水分，延长了反应时间，而且要求控制好温度，防止咖啡因也被蒸出。该方法时间长，产率较低，但成本低，产率在允许的范围内，所以适用于工业生产。方法三利用水溶解的方法，多次溶解和过滤。该方法易于操作，安全性高，而且提取液价廉、无毒、不会对环境造成危害，但产率不高，实验耗时太长。方法四加入碳酸钙粉末，破坏了茶叶的叶肉细胞和组织，增加了咖啡因的溶解量，但该方法用乙醇抽提和乙醇重结晶时损失了较多的产品，该方法收率较低。方法五采用有机溶剂提取法得到的咖啡因纯度较高，但由于结晶损失了一部分产品，所以收率较低，另外二氯甲烷、丙酮、石油醚这些有机溶剂都易挥发，和乙醇比毒性较大，会对人的健康造成危害，对环境造成污染。综上所述，本实验选用方法一，95%乙醇提取-升华法，提取过程在索氏提取器中完成。

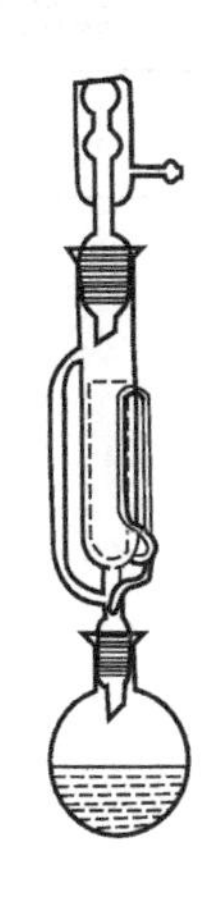

索氏提取器又名脂肪提取器，1879 年由 Franz von Soxhlet 发明的实验仪器，它最初的设计是为了从固体中提取脂类化合物，故得名脂肪提取器。但索氏提取器不仅仅是为了提取脂类化合物，一般来说，凡是待提纯的化合物在溶剂中有有限的溶解度，而杂质不溶于这种溶剂都可以用索氏提取器。索氏提取器由三部分组成，从上到下分别为球形冷凝管、提取筒和圆底烧瓶。提取筒两端分别有虹吸管和连接管，各部分连接处要严密不漏气。提取时将被提取的物质放在提取筒内，溶剂放在烧瓶中，加热至沸。溶剂汽化后通过连接管进入冷凝管，被冷凝为液体滴入提取筒内进行液-固萃取。待提取管内液面超过虹吸管的顶端时，萃取液自动流回到烧瓶中。流入烧瓶中的萃取液继续被加热气化、上升、冷凝、萃取，如此循环往复，直到萃取完成为止。

【仪器、 试剂与材料】

1. 仪器：索氏提取器，电热套，蒸馏烧瓶，直形冷凝管，接引管，锥形瓶，烧杯，蒸发皿，玻璃漏斗。

2. 试剂和材料：茶叶，95%乙醇，生石灰，棉花，滤纸等。

【实验步骤】

1. 粗提取物

称取 10g 干茶叶，研碎，装入滤纸筒中[注1]，轻轻压实，在茶叶末面上放置一个小的圆形滤纸。在圆底烧瓶中加入 95%乙醇 100mL[注2] 和几粒沸石，电热套加热，持续提取 2～3 h，至萃取液的颜色变浅为止，待提取筒中的液体刚虹吸下去时，立即停止加热。

将仪器改装成蒸馏装置，蒸馏浓缩萃取液 15mL 左右[注3]，倒入蒸发皿中。加入 4g 生石灰粉[注4]，在蒸汽浴上将溶剂蒸干。将蒸发皿移至酒精灯，在石棉网上小火烘焙片刻，除去全部的水分。冷却后，擦去沾在蒸发皿边缘上的粉末，以免下一步升华时污染产物。

2. 精制

安装升华装置，将一张刺有许多小孔的圆形滤纸（小孔毛刺面朝上）盖在蒸发皿上，取一只大小合适的玻璃漏斗罩于其上，漏斗颈部疏松地塞一团棉花。

在沙浴或石棉网上加热蒸发皿，逐渐升高温度，咖啡因开始升华[注5]，其蒸汽透过滤纸孔，遇到漏斗内壁凝成固体，附在漏斗内壁和滤纸的上面。当滤纸上出现大量白色针状晶体时，暂停加热。冷至 100℃左右，揭开漏斗的滤纸，仔细地把附在滤纸上及器皿周围的咖啡因晶体（白色、针状）用小刀刮入干燥、洁净、已称重的小烧杯中，然后对蒸发皿中的残渣进行搅拌，重新放好滤纸和漏斗，用较大的火焰加热，再升华一次。合并两次升华所收集的咖啡因。

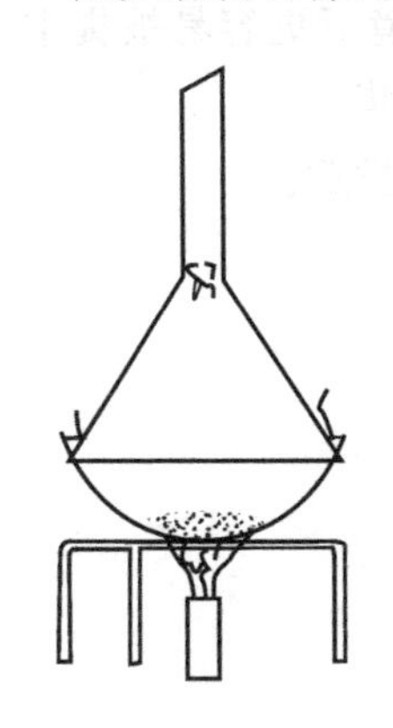

3. 产品的鉴定

① 称重后测定熔点，纯净咖啡因的熔点是 234.5℃。

② 红外光谱的测定：取少量干燥试样，用溴化钾压片，利用红外光谱仪来鉴定物质的结构，和标准谱图进行比对，并归属咖啡因的特征吸收峰。

【实验结果与数据处理】

实验步骤	实验现象与解释
所提取咖啡因的质量：	提取率：

产品的鉴定	熔点：
	红外光谱特征吸收峰值：

【实验注意事项】

[1] 滤纸筒大小要合适，以既能紧贴器壁，又能方便取放为宜，其高度不得超过虹吸管，用棉线扎紧，以免茶叶末掉出滤纸套筒，堵塞虹吸管，纸套上面折成凹型，以保证回流液均匀浸润被萃取物。

[2] 乙醇的用量以索氏提取器提取筒的容积及虹吸管的高度为准，应该是先加入的乙醇恰好能完成一次虹吸，再多加 20～30mL 即可。

[3] 瓶内乙醇不可蒸得太干，以免萃取液太黏，转移时损失太大。

[4] 加入生石灰的目的：一是吸收水分，防止升华时产生水雾，污染容器壁。二是中和单宁等酸性物质，提供碱性环境，因为咖啡因是碱性物质，在碱性环境下更容易被提取出来。三是生石灰的存在也能分散有机物，避免结块，有利于咖啡因的升华。

[5] 升华过程中始终要用小火间接加热，避免因温度太高而使产物发黄。

【思考题】

1. 本实验中使用生石灰的作用有哪些？
2. 做升华操作实验时要注意什么？
3. 索氏提取器的工作原理是什么？

【e网链接】

1. http://blog.sina.com.cn/s/blog_48ded0c90101jojv.html
2. http://sdbs.db.aist.go.jp/sdbs/cgi-bin/direct_frame_top.cgi

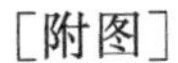

［附图］

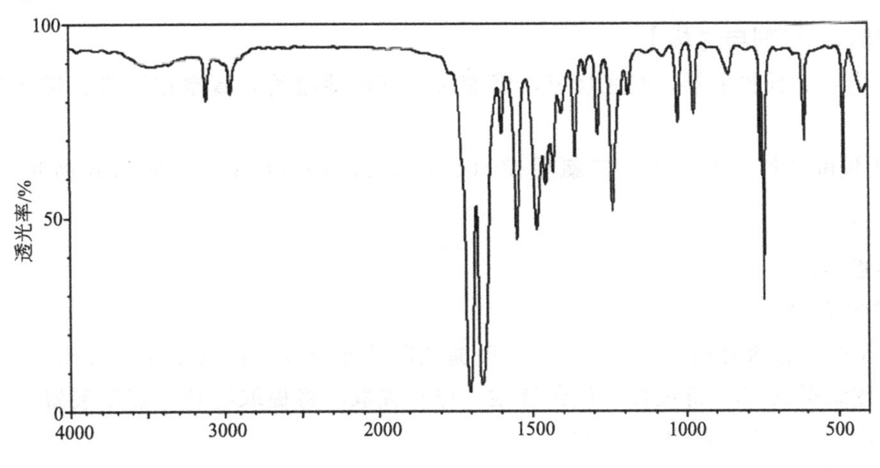

波数/cm^{-1}

3114	77	1456	67	1213	79	610	66
2955	79	1431	58	1190	79	482	58
1702	4	1405	74	1026	72		
1662	6	1360	64	974	74		
1600	68	1327	84	861	84		
1551	42	1287	88	759	82		
1487	44	1241	50	746	27		

咖啡因的红外光谱图

实验 36 银杏叶中黄酮类成分的提取

【实验目的与要求】

1. 了解银杏叶的主要有效成分；
2. 掌握黄酮类有效成分的提取；
3. 进一步熟悉索氏提取器的使用。

【实验原理】

银杏的果、叶、皮等具有很高的药用和保健价值。银杏叶的提取物对于治疗心脑血管和周边血管疾病、神经系统障碍、头晕、耳鸣、记忆损失有显著效果。

银杏叶中的化学成分很多，主要有黄酮类、萜内酯类、聚戊烯醇类，此外还有酚类、生物碱和多糖等药用成分。目前银杏叶的开发主要为提取银杏内酯和黄酮类等药用成分。黄酮类化合物由黄酮醇及其苷、双黄酮、儿茶素三类组成，它们具有广泛的生理活性。黄酮类化合物的结构较复杂，其中黄酮醇及其苷的结构表示如下：

O—单苷，双苷，三苷

R=H 莰非醇
R=OH 戊羟黄酮
R=OCH_3 异鼠李亭衍生物

目前提取银杏叶有效成分的方法主要有水蒸气蒸馏法、有机溶剂萃取法和超临界流体萃取法。本实验采取的是溶剂萃取法。

【仪器、试剂与材料】

1. 仪器：索氏提取器，圆底烧瓶，蒸馏头，直形冷凝管，真空接引管，锥形瓶，分液漏斗。

2. 试剂和材料：银杏叶，二氯甲烷（C. P.），乙醇（C. P.），无水硫酸钠（C. P.），滤纸。

【实验步骤】

1. 粗提取物

称取干燥的银杏叶粉末 25g，放进索氏提取器的滤纸袋，圆底烧瓶中加入 130mL 60% 的乙醇，连续提取 3h，待银杏叶颜色变浅，停止提取。将提取物转入蒸馏装置，减压蒸去溶剂（回收再用）得膏状粗提取物。

2. 精制[注1]

将粗提取物加 120mL 水搅拌，转入分液漏斗，用二氯甲烷萃取（60mL×3），萃取液用无水硫酸钠干燥，蒸去二氯甲烷，残留物干燥，称量，计算收率。

【实验结果与数据处理】

实验步骤	实验现象与解释
所得有效成分的质量：	
提取率：	

【实验注意事项】

[1] 粗提取物的精制方法很多，如用 D101 树脂和聚酰胺树脂 1∶1 混合装柱，吸附，然后用 70%乙醇洗脱，经浓缩得到精制品。

【思考题】

1. 银杏叶有哪些重要的药用价值？
2. 银杏叶中主要的成分有哪些？黄酮醇及苷的结构如何表示？
3. 减压蒸馏操作中要注意些什么？

【e 网链接】

1. http://journal. 9med. net/html/qikan/dxxb/xzyxyxb/20085285/1%20z/20080831040509709 _ 358781. html

2. http://www. sepu. net/html/article/32/32553. shtml

第5章 综合性合成实验

实验37　双酚A的合成

【实验目的与要求】

1. 掌握双酚A制备的原理和方法；
2. 学习搅拌速度控制、水浴控温和减压过滤等操作；
3. 学习用有机溶剂进行重结晶的基本操作。

【实验原理】

双酚A［2，2-双（4-羟苯基）丙烷］，也称BPA，是一种用途很广泛的化工原料。它是双酚A型环氧树脂及聚碳酸酯等化工产品的合成原料，还可以用作聚氯乙烯塑料的热稳定剂，电线防老剂，油漆、油墨等的抗氧剂和增塑剂。双酚A无处不在，从矿泉水瓶、医疗器械到食品包装的内里，全都有它的身影。目前，每年全世界生产约2700万吨含有双酚A的塑料。但双酚A也能导致内分泌失调，威胁胎儿和儿童的健康。众多研究显示，新陈代谢紊乱导致的肥胖和癌症也与此有关。欧盟认为含双酚A的奶瓶会导致诱发性早熟，因此从2011年3月2日起，禁止生产含化学物质双酚A的婴儿奶瓶。

双酚A主要是通过苯酚和丙酮的缩合反应来制备，一般用盐酸、硫酸等质子酸作为催化剂。苯酚中苯环受酚羟基的影响，电子云密度增高，发生亲电取代反应的活性增加，邻、对位氢原子特别活泼，可以与羰基化合物发生缩合反应。丙酮在催化剂质子酸 H_2SO_4 作用下会发生如下的反应：

$$(CH_3)_2C{=}O \xrightarrow{H^+} (CH_3)_2C{=}OH^+ \longleftrightarrow (CH_3)_2C^+{-}OH$$

苯酚可以接受生成的 C^+ 中间体的进攻发生亲电取代反应，进一步缩合生成产物双酚A。

$$2\,C_6H_5OH + CH_3COCH_3 \xrightarrow{浓硫酸} HO{-}C_6H_4{-}C(CH_3)_2{-}C_6H_4{-}OH + H_2O$$

【仪器、试剂与材料】

1. 仪器：50mL三口烧瓶，250mL烧杯，温度计，磁力加热搅拌器，标准磨口塞，抽滤瓶，循环水真空泵，布氏漏斗，电热鼓风干燥箱，电子天平，显微熔点测定仪，傅里叶红外光谱仪。

2. 试剂和材料：苯酚（C.P.），丙酮（C.P.），甲苯（C.P.），浓硫酸（C.P.），广泛 pH 试纸，滤纸，冰。

主要反应物和生成物的物理常数：

试剂名称	相对分子质量	熔点/℃	沸点/℃	相对密度 d_4^{20}	水溶性
苯酚	94.11	43	181.4	1.07	微溶于水
甲苯	92.14	−94.9	110.6	0.87	不溶于水
丙酮	58.08	−94.6	56.5	0.80	与水混溶
双酚 A	228.20	155～158	250～252	1.195	微溶于水

【实验步骤】

1. 产品的制备

在配有恒压滴液漏斗、温度计和磁力搅拌子的 50mL 三口烧瓶中，加入 10g 苯酚[注1]（0.106mol)，并将烧瓶置于冰水浴中，向烧瓶中继续加入 4mL 丙酮至苯酚全溶。开启磁力搅拌加热器的磁力搅拌按钮，在不断搅拌下向烧瓶中缓缓加入浓硫酸 7mL[注2]，严格控制反应温度为 18～20℃[注3]，继续搅拌 1～2h 至反应物稠厚，此时将反应液倒入 50mL 水中，继续搅拌至全溶，停止搅拌，冷却，结晶，减压抽滤，并用大量蒸馏水洗涤固态产物至滤液不显酸性，即得双酚 A 的粗品。

2. 产品的精制

将双酚 A 粗品干燥后[注4]，用甲苯重结晶（每克产物大约需要使用 8～10mL 甲苯），得白色针状晶体即为双酚 A 纯品，约 8g。用显微熔点测定仪测定熔点为 155～156℃。

3. 产品的鉴定

用红外光谱仪测定其红外光谱图，观察特征峰，与标准图谱比对，并归属双酚 A 的特征吸收峰。

【实验结果与数据处理】

实验步骤	实验现象与解释
所得双酚 A 的质量：	
产率：	
产物的鉴定	红外光谱特征吸收峰值：

【实验注意事项】

[1] 苯酚的称取和加料时要小心操作。苯酚熔点 43℃，常温下为固体。因为苯酚具有腐蚀性，苯酚加料完成后立应即洗手。

[2] 通过控制浓硫酸的滴加速度，并用冷水浴，控制反应温度。

［3］反应温度控制在 18～20℃，若反应温度过高，丙酮易被挥发掉，若反应温度过低，又不利于产物的生成。

［4］双酚 A 产品的烘干应先在 50～60℃烘干 4 h，再在 100～110℃烘干 4 h。

【思考题】

1. 除了本实验中所用到的方法，双酚 A 还有哪些制备方法？
2. 本实验中为什么要加入浓硫酸？用其他酸代替行不行？若行，可以用什么酸代替？
3. 你认为取得本实验成功的关键是什么？

【e 网链接】

http://sdbs. db. aist. go. jp/sdbs/cgi-bin/direct _ frame _ top. cgi

［附图］

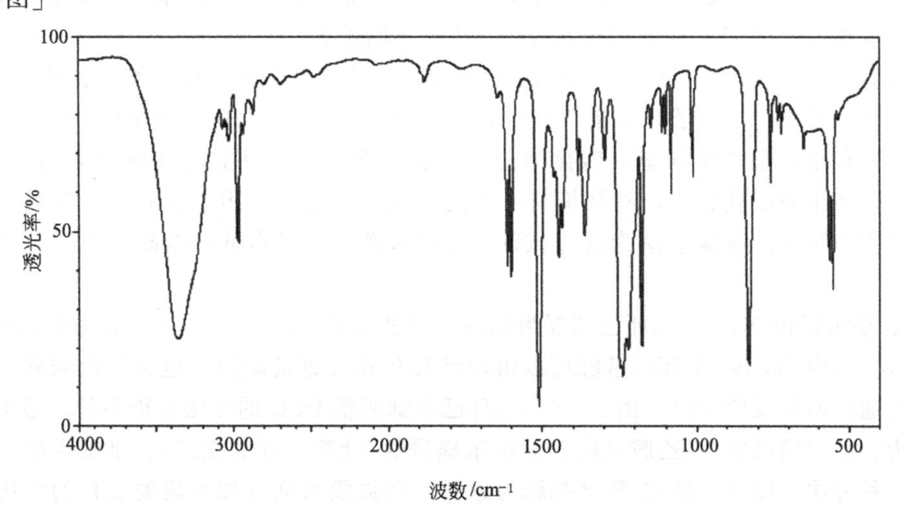

3358	21	2933	72	1436	49	1178	20	816	55	CH_3 HO—⟨⟩—C—⟨⟩—OH CH_3
3070	74	2871	77	1384	62	1150	74	759	60	
3050	74	1612	39	1363	47	1113	72	735	77	
3030	70	1600	37	1296	66	1102	72	724	72	
2976	46	1510	4	1247	14	1085	57	650	68	
2966	46	1453	62	1239	12	1013	62	565	41	
2956	62	1447	42	1221	19	827	14	553	34	

双酚 A 的红外光谱图

实验 38　N, N′-二环己基碳酰亚胺（DCC）的制备

【实验目的与要求】

1. 掌握反应型脱水剂 DCC 的结构、性质及制备方法；
2. 了解 DCC 在有机合成及化工生产中的应用；
3. 学习减压蒸馏的基本操作。

【实验原理】

N，*N*′-二环己基碳酰亚胺（dicyclohexyl-carbodiimide），又称 DCC，是有机合成和医药

制造工业常用的脱水剂，它可以使两个本来不能反应的分子，脱水形成化学键。在我国主要用于丁胺卡那霉素和谷光甘肽等产品的生产。室温下，DCC纯品为白色蜡状结晶或微黄色透明液体，不溶于水，但溶于二氯甲烷、四氢呋喃、乙腈、二甲基甲酰胺等有机溶剂，是一种很有效的过敏源，容易造成皮肤过敏，所以使用时要谨慎小心。

DCC分子中累积二烯结构使其具有很强的化学活性，不仅能够和羧酸、硫化氢及氢氰酸等酸性化合物反应，还可以和醇、胺及含活泼亚甲基等活泼氢类化合物反应。

DCC作为脱水剂，可以在常温下经短时间完成脱水，反应后产物为二环己基脲，本品可用于肽、核酸的合成：它可以在室温下很容易由游离羧基和游离氨基合成肽，且产率很高。因为本品很难溶于水，因而即使是在水溶液中反应仍可以进行。本品还可以用于谷胱甘肽脱水剂，也用于酸、酐、醛、酮等的合成。DCC与酸酐、酰氯、三氯氧磷同属于反应型脱水剂，但它可溶于多数有机溶剂是其最大的优点，而且它不产生强酸，一般不对反应底物或产物造成破坏。DCC作为脱水剂的应用范围在不断扩大。

DCC可以由*N*，*N*′-二环己基硫脲法和*N*，*N*′-二环己基脲为原料制备。硫脲法通常有两种合成方法，首先由2分子环己胺与1分子二硫化碳作用形成对应的硫脲衍生物，然后分别采用不同的化学试剂脱硫化氢，转化为DCC。其中第一种方法是采用氧化汞为反应试剂，此种方法使用了汞的化合物，对环境有一定的影响，因此只适用于实验室少量化合物的制备。第二种方法采用次氯酸钠为反应试剂，原料来源广，成本低，因此工业上多用此法生产DCC。

DCC还可以由*N*，*N*′-二环己基脲为原料，经过形成*N*，*N*′-二环己基脲的中间产物，再脱水制备。其中*N*，*N*′-二环己基脲可以由环己胺和光气直接制得，也可以由尿素、环己胺和异戊醇通过回流反应制得。由*N*，*N*′-二环己基脲制备DCC的方法有很多种，最常见的三种方法为：和苯磺酰氯/三乙胺反应、对甲苯磺酰氯/吡啶，五氧化二磷/吡啶反应。本实验采用第一种方法，以*N*，*N*′-二环己基脲为原料，在强脱水剂（如苯磺酰氯）的作用下脱水生成，这种脱水过程是通过羰基烯醇化完成的，其反应方程式如下：

$$C_6H_{11}-NH-C(=O)-NH-C_6H_{11} \xrightarrow[Et_3N]{C_6H_5SO_2Cl} C_6H_{11}-N=C=N-C_6H_{11}$$

【仪器、试剂与材料】

1. 仪器：100mL三口烧瓶，温度计，恒压滴液漏斗，回流冷凝器，磁力加热搅拌器，磁力搅拌子，150mL分液漏斗，旋转蒸发仪，电子天平，显微熔点测定仪，傅里叶红外光谱仪。

2. 试剂和材料：*N*，*N*′-二环己基脲（C.P.），苯磺酰氯（C.P.），三乙胺（C.P.），乙醚（C.P.），无水硫酸镁（C.P.）。

主要反应物和生成物的物理常数：

试剂名称	相对分子质量	熔点/℃	沸点/℃	相对密度 d_4^{20}	水溶性
二环己基脲	224.35	232～233	—	—	不溶于水
苯磺酰氯	176.62	14.5	251～252	1.0281	不溶于冷水
DCC	206.33	34～35	98～100	154～156	不溶于水

【实验步骤】

1. 产品的制备

在配有滴液漏斗、回流冷凝器和温度计的100mL三口烧瓶中，依次加入二环己脲[注1]10g（0.044mol），三乙胺25mL和磁力搅拌子，开启磁力搅拌加热器，搅拌下由滴液漏斗缓缓加入苯磺酰氯[注2]14.9g（0.084mol），控制在大约20min滴加完，然后在65～70℃下搅拌，反应1.5～2h。

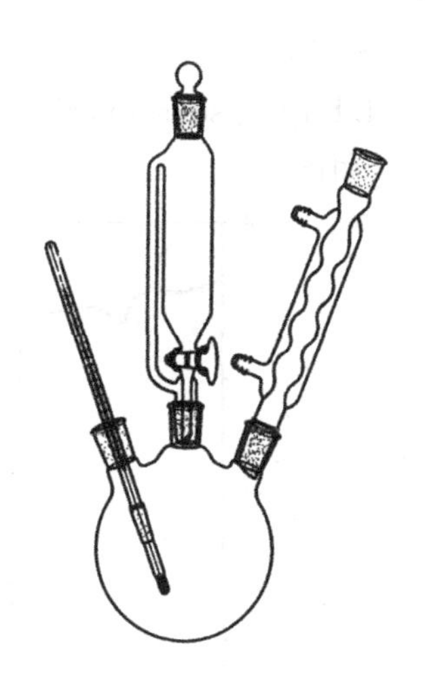

2. 产品的精制

将反应物冷至室温，倒入盛有50mL的冰水中，用5mL乙醚萃取4次，萃取液用冷水洗涤，然后用无水硫酸镁干燥，蒸去乙醚，残液减压蒸馏，收集156～159℃（2kPa）的馏分，即可得到DCC 8.2～8.4g，产率91%～93%。

3. 产品的鉴定

用红外光谱仪测定其红外光谱图，观察特征峰，与标准图谱核对，并归属DCC的特征吸收峰。

【实验结果与数据处理】

实验步骤	实验现象与解释
所得DCC的质量：	产率：
产品的鉴定	红外光谱特征吸收峰：

【实验注意事项】

[1] 该物质对环境可能有危害，对水体应给予特别注意。

[2] 按规格使用和储存，不会发生分解，避免与氧化物接触。对皮肤具有较强的刺激性，使用时需戴上橡胶手套，应在通风橱中进行操作。该试剂容易吸潮，应保存在干燥器中。

【思考题】

1. 使用旋转蒸发仪进行减压蒸馏的一般步骤是什么？有哪些注意事项？
2. 推测并写出该反应的机理。
3. 液态有机物测定红外光谱时有哪些注意事项？

【e网链接】

1. http://wenku.baidu.com/link?url=4Wy-8g5YHvsYKWCeY_Bp-xZV7mZ9NvNckqnGGkhKVWLk7KnA1lT55pGh6ASi_PJh_V7m9eXDYC_ioCr0LDQ86mAzHcF4aWiwAhzABLrzGIm

2. http://my.tv.sohu.com/us/4622819/2380096.shtml

3. http://wenku.baidu.com/link?url=T8OYXEWFJaUle9A0Ob3y9Vu-1SHiVsC6B3dqROwY0WhaOXcf-EwGyj7WH_P_ID-W4vNMG4lmkX3eieqT89xgOYpDi47Gq_t9vzMY

eN _ czWS

4. http://sdbs. db. aist. go. jp/sdbs/cgi-bin/direct _ frame _ top. cgi

［附图］

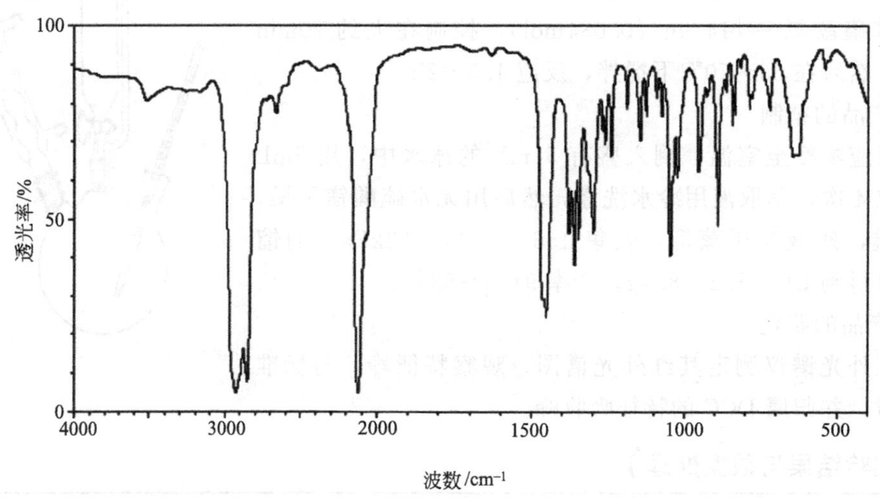

3513	77	1451	29	1260	66	1047	38	843	72	N=C=N
2928	4	1377	44	1240	64	1037	67	836	74	
2855	7	1368	36	1188	74	1025	68	787	77	
2670	74	1346	43	1161	70	955	50	722	74	
2669	74	1315	60	1146	58	960	52	647	64	
2122	4	1298	44	1126	74	939	77	638	64	
1461	27	1268	70	1074	74	891	46	629	64	

N,N′-二环己基碳酰亚胺的红外光谱图

实验 39　葡萄糖酸锌的制备

【实验目的与要求】

1. 了解锌的生物意义和葡萄糖酸锌的制备方法；
2. 熟练掌握蒸发、浓缩、过滤等操作；
3. 了解离心机的工作原理，学习离心机的使用方法。

【实验原理】

锌是生物体内必需的微量元素之一，其存在于众多的酶系中（如碳酸酐酶，呼吸酶，乳酸脱氢酸，超氧化物歧化酶，碱性磷酸酶，DNA 和 RNA 聚中酶等中），为核酸、蛋白质、碳水化合物的合成和维生素 A 的利用所必需。我国不少地区的人口和农作物都存在缺锌的现象。少年儿童生长发育阶段对锌特别敏感，缺锌的主要症状是生长迟缓、伤口愈合慢、味觉异常等，严重缺锌时会导致缺铁性贫血，肝脾肿大，骨骼长期不能接合，皮肤粗糙及色素增加等。人体缺锌还常会引起心脑血管疾病，危及人类健康。土壤中锌的含量通常比较充足，但由于土壤严重浸出或过度施用氮、磷肥时，也有可能造成多种农作物缺锌，引起苹果、梨的小叶病，玉米的白芽病及柑橘的斑叶病等常见植物病害。由此可见，通过合适的锌制剂来弥补生物体锌的不足是很有必要的。以往对缺锌症，一般采用无机硫酸锌来予以治疗，但硫酸锌毒性大、对肠胃的刺激性也大，且可吸收率低，而葡萄糖酸锌是一种无毒物质，容易参与体内代谢过程，具有见效快、吸收率高、副作用小等优点，是目前首选的补锌药物和营养强化剂，特别是作为儿童食品、糖果、乳制品的添加剂，应用范围日益广泛。

葡萄糖酸锌由葡萄糖酸直接与锌的氧化物或盐制得，通常有如下三种方法。

方法1 葡萄糖酸钙与硫酸锌直接反应：

$$[CH_2OH(CHOH)_4CO_2]_2Ca + ZnSO_4 \longrightarrow [CH_2OH(CHOH)_4CO_2]_2Zn + CaSO_4$$

方法2 葡萄糖酸与氧化锌反应：

$$2CH_2OH(CHOH)_4COOH + ZnO \longrightarrow [CH_2OH(CHOH)_4CO_2]_2Zn + H_2O$$

方法3 葡萄糖酸钙用酸处理后，再与氧化锌作用得到葡萄糖酸锌。

【仪器、试剂与材料】

1. 仪器：100mL三口烧瓶，烧杯，温度计，回流冷凝器，磁力加热搅拌器，数控恒温水浴槽，玻璃棒，蒸发皿，离心机，抽滤瓶，循环水真空泵，布氏漏斗，电热鼓风干燥箱，电子天平，傅里叶红外光谱仪。

2. 试剂和材料：葡萄糖酸钙工业品，七水硫酸锌（C.P.），氧化锌（95%，C.P.），乙醇（C.P.），732H型阳离子交换树脂，717OH型阳离子交换树脂，活性炭，滤纸。

主要反应物和生成物的物理常数：

试剂名称	相对分子质量	熔点/℃	沸点/℃	相对密度 d_4^{20}	水溶性
葡萄糖酸钙	448.40	—	—	—	微溶于水
七水硫酸锌	287.56	100	>500	1.957	易溶于水
氧化锌	81.39	1975	—	5.606	难溶于水
葡萄糖酸锌	455.68	—	—	—	易溶于水

【实验步骤】

方法一：量取40mL蒸馏水置烧杯中，加热至80～90℃，加入6.7g（0.023mol）$ZnSO_4 \cdot 7H_2O$使完全溶解，将烧杯放在90℃的恒温水浴中，再逐渐加入葡萄糖酸钙10g（0.022mol），并不断搅拌。在90℃水浴中保温20min后趁热抽滤（滤渣为$CaSO_4$，弃去），滤液移至蒸发皿中并在沸水浴上浓缩至黏稠状（体积约为20mL，如浓缩液有沉淀，需过滤掉）。滤液冷至室温，加入20mL 95%乙醇，不断搅拌，观察有大量的胶状葡萄糖酸锌析出。充分搅拌后，用倾析法[注1]去除乙醇。再在沉淀上加95%乙醇20mL，充分搅拌后，沉淀慢慢转变成晶体状，减压抽滤至干，即得粗品（母液回收）。再将粗品加水20mL，加热至溶解，趁热抽滤，滤液冷至室温，加95%乙醇20mL充分搅拌，结晶析出后，抽滤至干，即得精品，在50℃烘干，称重并计算产率。

方法二：在配有温度计、回流冷凝器和磁力搅拌子的100mL三口烧瓶中，加入77.5g（0.063mol）8%硫酸，将三口烧瓶置于盛有热水的250mL烧杯中，开启磁力加热搅拌器，控制温度为90℃，不断搅拌下，分批加入25g（0.056mol）葡萄糖酸钙粉，反应1h，趁热抽滤，滤饼用少量去离子水洗涤，滤液与洗液合并，依次过732H型阳离子交换树脂柱（20g），717OH型阳离子交换树脂柱（20g），即得纯葡萄糖酸溶液。分次加入化学纯4.5g（0.055mol）氧化锌固体，加完后pH为6.0～6.2。趁热通过活性炭层脱色，得澄清溶液。

经过蒸发少量水分后，等待结晶析出，离心，调整电热鼓风干燥箱温度为75℃干燥脱水，即可得到葡萄糖酸锌产品22～22.5g，产率86%～93%。所得产品可以符合国家标准GB 8820—88[注2]。

【实验结果与数据处理】

实验步骤	实验现象与解释
所得葡萄糖酸锌的质量：	
产率：	

【实验注意事项】

[1] 倾析法是指使悬浮液中含有的固相粒子或乳浊液中含有的液相粒子下沉而得到澄清液的操作，从液体中分离密度较大且不溶固体的方法。具体做法是把沉淀上部的溶液倾入另一容器内，然后往盛有沉淀的容器内加入少量洗涤液，充分搅拌后，沉降（采用离心机），倾去洗涤液。如此重复操作3遍以上，即可把沉淀洗净，使沉淀与溶液分离。

[2] 指标名称

指标名称	GB 8820—88	FCC(美国食品质量法典)1981
含量(无水物计)/%	97.0～102.0	97.0～102.0
砷(以As计)/%	≤0.0003	≤0.0003
镉(以Cd计)/%	≤0.0005	≤0.0005
氯化物(以Cl计)/%	≤0.05	≤0.05
铅(以Pb计)/%	≤0.001	≤0.001
还原物质(以$C_6H_{12}O_6$计)/%	≤1.0	≤1.0
硫酸盐(以SO_4计)/%	≤0.05	≤0.05
含水量/%	≤11.6	
三水合物/%	—	≤11.6

【思考题】

1. 葡萄糖酸锌的制备方法有哪些？比较各种方法的优缺点。
2. 葡萄糖酸锌的重要用途有哪些？其作为锌的补充剂的优点有哪些？
3. 离心机的工作原理是什么？离心机在该实验中有什么重要作用？

【e网链接】

1. http://www.cnki.com.cn/Article/CJFDTotal-HXSJ198104016.htm
2. http://www.doc88.com/p-334768081366.html

实验40 对氨基苯甲酸乙酯的制备

【实验目的与要求】

1. 通过苯佐卡因的合成，了解药物合成的基本过程；

2. 掌握氧化、酯化、还原反应的原理及基本操作；

3. 学习以对甲苯胺为原料，经乙酰化、氧化、酸性水解和酯化，制取对氨基苯甲酸乙酯的原理和方法。

【实验原理】

对氨基苯甲酸乙酯（别名：苯佐卡因），白色晶体状粉末，无嗅无味。相对分子质量165.19。熔点91～92℃。易溶于醇、醚、氯仿。能溶于杏仁油、橄榄油、稀酸。难溶于水。其作用如下。① 紫外线吸收剂。主要用于防晒类和晒黑类化妆品，对光和空气的化学性稳定，对皮肤安全，还具有在皮肤上成膜的能力，能有效吸收U.V.B区域280～320μm的紫外线。添加量通常为4%左右。② 非水溶性的局部麻醉药。有止痛、止痒作用，主要用于创面溃疡面、黏膜表面和痔疮麻醉止痛和止痒，其软膏还可用作鼻咽导管、内窦窥镜等润滑止痛。苯佐卡因作用的特点是起效迅速，约30s即可产生止痛作用，且对黏膜无渗透性，毒性低，不会影响心血管系统和神经系统。1984年美国药物索引收载苯佐卡因制剂即达104种之多，苯佐卡因的市场前景非常广阔。

(1) 将对甲苯胺用乙酸酐处理转变为相应的酰胺，其目的是在第二步高锰酸钾氧化反应中保护氨基，避免氨基被氧化，形成的酰胺在所用氧化条件下是稳定的。

$$H_2N-C_6H_4-CH_3 \xrightarrow{(CH_3CO)_2O} H_3C-C_6H_4-NHCOCH_3 + CH_3COOH$$

(2) 对甲基乙酰苯胺中的甲基被高锰酸钾氧化为相应的羧基。氧化过程中，紫色的高锰酸盐被还原成棕色的二氧化锰沉淀。鉴于溶液中有氢氧根离子生成，故要加入少量的硫酸镁作为缓冲剂，使溶液碱性不至变得太强而使酰氨基发生水解。反应产物是羧酸盐，经酸化后可使生成的羧酸从溶液中析出。

$$H_3COCHN-C_6H_4-CH_3 \xrightarrow[(2)H^+]{(1)KMnO_4} H_3COCHN-C_6H_4-COOH$$

(3) 酰胺水解，除去起保护作用的乙酰基，此反应在稀酸溶液中很容易进行。

$$H_3COCHN-C_6H_4-COOH \xrightarrow{H^+} H_2N-C_6H_4-COOH$$

(4) 用对氨基苯甲酸和乙醇，在浓硫酸的催化下，制备对氨基苯甲酸乙酯。

$$H_2N-C_6H_4-COOH + CH_3CH_2OH \xrightarrow{H_2SO_4} H_2N-C_6H_4-COOCH_2CH_3$$

【仪器、试剂与材料】

1. 仪器：100mL圆底烧瓶，球形冷凝管，烧杯，分液漏斗，直形冷凝管，蒸馏头，接引管，锥形瓶，磁力加热搅拌器，布氏漏斗，抽滤瓶，循环水真空泵，pH试纸，红外光谱仪。

2. 试剂和材料：对甲苯胺（C.P.），冰醋酸（C.P.），锌粉（C.P.），95%乙醇，50%乙醇溶液，活性炭，七水硫酸镁（C.P.），高锰酸钾（C.P.），18%盐酸溶液，10%碳酸钠，10%氨水溶液，浓硫酸（C.P.），乙醚（C.P.），冰。

主要反应物和生成物的物理常数：

试剂名称	相对分子质量	熔点/℃	沸点/℃	相对密度 d_4^{20}	水溶性
对甲基苯胺	113.16	89～90	206～210	1.1	微溶于水
冰醋酸	60.05	16.6	117.9	1.050	易溶于水
锌粉	65.39	—	—	—	—
高锰酸钾	158.04	240	—	1.01	可溶于水
95%乙醇	98	—	78.32	0.789	与水混溶
对氨基苯甲酸乙酯	165.19	88～90	172	1.039	难溶于水

【实验步骤】

1. 产品的制备

(1) 对氨基苯甲酸的制备。

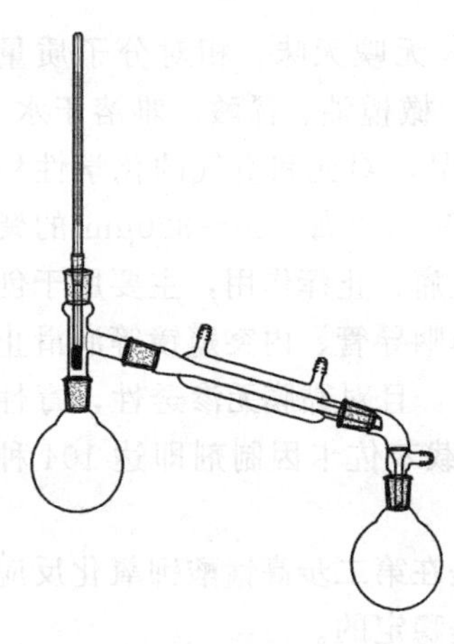
蒸馏装置

见实验 30。

(2) 对氨基苯甲酸乙酯

在 100mL 圆底烧瓶中加入 1.09g 对氨基苯甲酸、15.0mL 95%乙醇溶液，旋摇圆底烧瓶，使其尽早溶解，之后在冰水冷却下，加入 1.00mL 浓硫酸，生成沉淀，加热回流 30min。停止反应。

2. 产品的精制

将反应混合物转入 250mL 烧杯中，加入 10%碳酸钠至无气体产生[注1]，继续加入 10%碳酸钠至 pH≈9（有硫酸钠沉淀产生，沉淀中夹杂产物药品），抽滤，将溶液转入分液漏斗，沉淀用乙醚洗涤两次（每次用 5mL 乙醚），并将洗涤液并入分液漏斗，用乙醚萃取两次（每次用 20mL 乙醚），合并乙醚层（乙醚层是分液漏斗的上层），用无水硫酸镁干燥后，倒入 50mL 圆底烧瓶中，搭建装置，水浴蒸馏回收反应混合物中的乙醚和乙醇（温度在 70～80℃）。再在烧瓶中加入 7mL 50%乙醇溶液（用无水乙醇和水按 1∶1 的比例配制）和适量活性炭，加热回流 5min 进行重结晶。然后，趁热抽滤除去活性炭，将滤液置于冰水中冷却结晶，再抽滤，干燥产品后称重。

3. 产品的鉴定

取少量干燥后的对氨基苯甲酸乙酯，用溴化钾压片，利用红外光谱仪来鉴定物质的结构。与标准图谱对比，并归属出对氨基苯甲酸乙酯的特征吸收峰。

【实验结果与数据处理】

实验步骤	实验现象与解释
对甲基乙酰苯胺：	产率：
对乙酰氨基苯甲酸：	产率：

续表

实验步骤		实验现象与解释
对氨基苯甲酸：		产率：
对氨基苯甲酸乙酯：		产率：
总产率：		
产品的鉴定	红外光谱的特征吸收峰值：	

【实验注意事项】

[1] 10%的碳酸氢钠溶液主要是中和未反应的酸。

【思考题】

1. 酯化中抽滤后所得固体产物要加碳酸钠溶液洗涤，加碳酸钠溶液洗涤的作用是什么？
2. 酯化反应结束后，为什么要用碳酸钠溶液而不用氢氧化钠进行中和？
3. 酯化中为什么不中和至 pH 为 7 而要使 pH 为 9 左右？
4. 如果产品中夹有铁盐（产品颜色发黄），应如何除去？
5. 如何由对氨基苯甲酸为主要原料合成局部麻醉剂普鲁卡因（Procaine)？

【e 网链接】

1. http://sdbs. db. aist. go. jp/sdbs/cgi-bin/direct _ frame _ top. cgi
2. http://baike. baidu. com/link? url=yh3rrSUgBmdikCC9IKANCMKauZI6NEA1TZ9cvGPwGsPW _ 3ZHY7v2qOSVgIL2m62q
3. http://wenku. baidu. com/view/27c4cad63186bceb19e8bb04. html
4. http://wenku. baidu. com/view/5ebb171afad6195f312ba651. html

[附图]

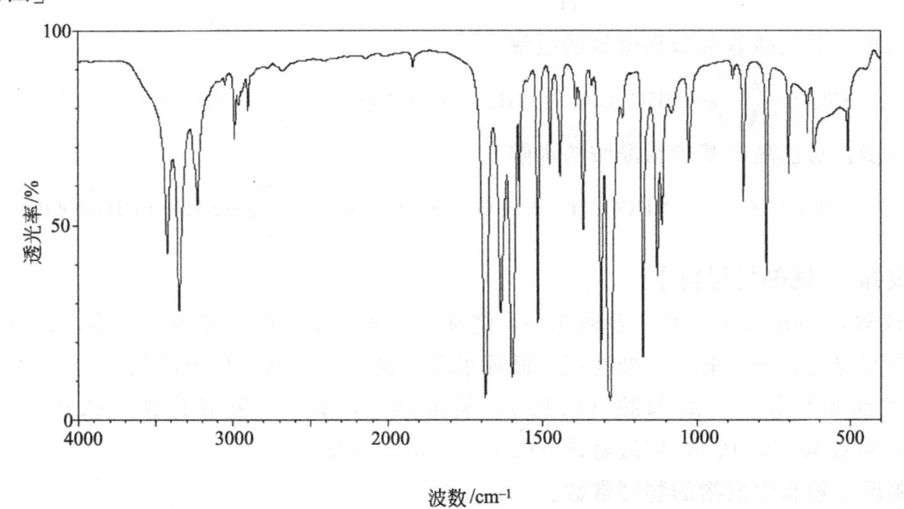

3424	41	2680	86	1460	74	1240	74	849	63	$H_2N-C_6H_4-C(=O)-O-CH_2-CH_3$
3346	26	1687	5	1443	60	1174	15	774	35	
3225	53	1638	26	1393	77	1127	35	701	60	
3047	81	1601	10	1367	47	1112	47	641	70	
2986	70	1575	52	1342	81	1081	77	618	66	
2958	77	1518	29	1312	13	1027	64	506	66	
2900	77	1476	64	1282	4	883	84			

对氨基苯甲酸乙酯的红外光谱图

实验 41　对氨基苯磺酰胺的制备

【实验目的与要求】

1. 掌握实验室制备对氨基苯磺酰胺的原理；
2. 掌握实验室制备对氨基苯磺酰胺的实验方法；
3. 巩固回流、脱色、重结晶等基本操作。

【实验原理】

$H_2N-C_6H_4-SO_2NHR$ 磺胺是磺胺药物最基本的结构单元，也是药性的基本活性基团。磺胺类药物是指具有对氨基苯磺酰胺结构的一类药物的总称，是一类用于预防和治疗细菌感染性疾病的化学治疗药物。磺胺药物种类可达数千种，其中应用较广并具有一定疗效的就有几十种。磺胺药是现代医学中常用的一类抗菌消炎药，其品种繁多，已成为一个庞大的家族了。可是，最早的磺胺却是染料中的一员。在某次偶然的机会，人们发现这种红色的染料对细菌具有很强的抑制作用，从而将它应用于药物，并在 20 世纪特别是第一次与第二次世界大战期间，乃至到现在依然是一种应用非常广泛的抗菌药物。

本实验从乙酰苯胺出发经过以下三步合成得到产物对氨基苯磺酰胺。

第一步：对乙酰氨基苯磺酰氯的制备

$$C_6H_5-NHCOCH_3 + 2HO-SO_2-Cl \longrightarrow ClO_2S-C_6H_4-NHCOCH_3 + H_2SO_4 + HCl$$

第二步：对乙酰氨基苯磺酰氯的氨解

$$ClO_2S-C_6H_4-NHCOCH_3 + NH_3 \longrightarrow H_2NO_2S-C_6H_4-NHCOCH_3 + HCl$$

第三步：对乙酰氨基苯磺酰胺的水解

$$H_2NO_2S-C_6H_4-NHCOCH_3 + H_2O \longrightarrow H_2NO_2S-C_6H_4-NH_2 + CH_3COOH$$

【仪器、试剂与材料】

1. 仪器：250mL 锥形瓶，普通漏斗，烧杯，圆底烧瓶，磁力加热搅拌器，红外光谱仪，显微熔点测定仪，布氏漏斗，抽滤瓶，循环水真空泵，石棉网，球形冷凝管。

2. 试剂和材料：乙酰苯胺（C. P.），氯磺酸（C. P.），氢氧化钠（C. P.），浓氨水（C. P.），浓盐酸（C. P.），碳酸氢钠（C. P.），冰，沸石。

主要反应物和生成物的物理常数：

试剂名称	相对分子质量	熔点/℃	沸点/℃	相对密度 d_4^{20}	水溶性
乙酰苯胺	135	114.3	304	1.2190	微溶于水
氯磺酸	116.52	−80	151～152	1.753	与水剧烈反应
对乙酰氨基苯磺酰氯	233.68	149	—	1.468	微溶于水
浓氨水(25%)	35.045	−57.5	37.5	0.91	互溶
对氨基苯磺酰胺	172.22	164.5～166.5	—	1.08	微溶于水

【实验步骤】

1. 对氨基苯磺酰胺的制备

(1) 对乙酰氨基苯磺酰氯的制备

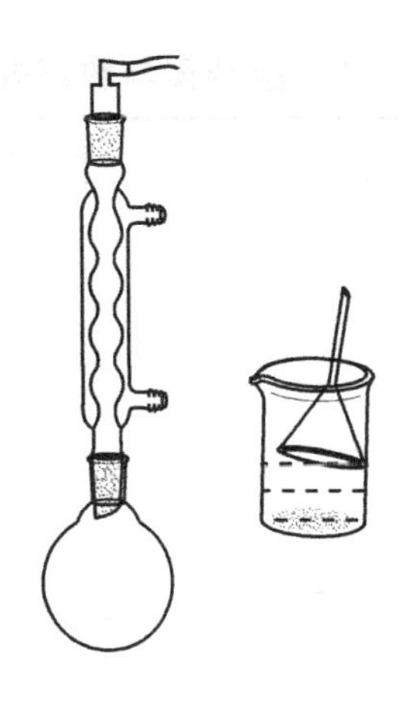

将5g (0.037mol) 干燥的乙酰苯胺倒入干燥的250mL锥形瓶中，用温火加热溶解乙酰苯胺[注1]，搅拌油状物以让溶解物附在锥形瓶底部。冰浴冷却锥形瓶使油状物固化，一次性迅速加入10mL (0.152mol) 氯磺酸[注2] (密度1.77g/mL)。然后连接预先配制好的氢氧化钠溶液收集氯化氢气体。将锥形瓶从冰浴中取出进行搅拌，氯化氢气体剧烈地释放出来，如果反应太过剧烈，可放在冷水中进行冷却。当反应变缓后，可轻轻摇晃使固体全部溶解。待固体全部溶解后，用蒸汽浴加热锥形瓶10min至不再产生氯化氢气体为止[注3]，在这个过程中必须进行尾气处理。最后通风橱中冰浴冷却反应瓶。将反应瓶充分冷却之后，在通风橱中缓慢地将冷却的混合物在快速搅拌下倒入到装有80g碎冰的烧杯中[注4]。用冷水洗涤锥形瓶并将洗涤液倒入烧杯中（这一步是关键，一定要慢，一定要搅拌充分）。搅拌打碎块状的沉淀物，然后真空抽滤混合物[注5]。用少量冷水洗涤粗产物乙酰胺基苯磺酰氯。抽干晶体。粗产品不必干燥或提纯，但须很快进行下一步反应[注6]，因粗产品在酸性条件下不稳定，易分解。

(2) 对乙酰氨基苯磺酰胺的制备

在通风橱中将上步获得的乙酰氨基苯磺酰氯加入到125mL的锥形瓶中，然后加入26mL (0.66mol) 浓氨水，用搅拌子均匀搅拌混合物，此时生成白色糊状物。加完后，在均匀搅拌下于通风橱中蒸汽浴加热反应15min。然后加入20mL水，在石棉网上小火搅拌加热10min以除去多余的氨[注7]。冷却后抽滤得到乙酰氨基苯磺酰胺，为无色针状晶体。

(3) 对氨基苯磺酰胺的制备

将粗产物转移至小圆底烧瓶中，然后加入3.5mL (0.16mol) 浓盐酸[注8]，投入2～3粒沸石，连接好球形冷凝管。然后在石棉网上加热回流混合物0.5h。然后在室温下冷却，得到几乎澄清的溶液，如果有固体析出[注8]，测试溶液的酸碱性，不呈酸性时酌情再加适量盐酸，并继续将混合物煮沸15min，直到在室温冷却后没有固体析出。

2. 对氨基苯磺酰胺的纯化

将滤液一边搅拌一边缓缓地加入碳酸氢钠固体[注9]，直到恰呈碱性(用石蕊试纸检测)。每次加入碳酸氢钠固体都会有泡沫产生，这是释放二氧化碳的缘故。在中和过程中，产物对氨基苯磺酰胺会析出。冰浴充分冷却混合溶液，然后真空抽滤混合物，尽可能地抽干产物。用水重结晶粗产物。所得的对氨基苯磺酰胺为白色叶片状晶体。利用显微熔点测定仪测定熔点为165～166℃。称量产量，计算产率。

3. 对氨基苯磺酰胺的鉴定

取少量干燥后的对氨基苯磺酰胺，用溴化钾压片，利用红外光谱仪来鉴定物质的结构。与标准图谱对比，并归属出对氨基苯磺酰胺的特征吸收峰。

【实验结果与数据处理】

实验步骤	实验现象与解释
对乙酰氨基苯磺酰氯：	产率：
对乙酰氨基苯磺酰胺：	产率：
对氨基苯磺酰胺：	产率：
总产率：	
产品的鉴定	红外光谱的特征吸收峰值：

【实验注意事项】

[1] 乙酰苯胺与氯磺酸的反应非常剧烈，如果将乙酰苯胺凝结成块状，可使反应缓慢进行，当反应过于剧烈时，应适当将反应体系冷却。

[2] 氯磺酸对衣服和皮肤有强烈的腐蚀性作用，如果暴露在空气中会冒出大量的氯化氢气体，与水发生猛烈的反应，甚至爆炸，故取用时需要谨慎。反应中所用药品及仪器皆需要十分干燥，含有氯磺酸的废液不能倒入废液缸中。工业氯磺酸常呈棕黑色，使用前宜用磨口仪器蒸馏纯化，收集 148～150℃的馏分。

[3] 在氯磺化过程中，会有大量氯化氢气体放出，为避免氯化氢大量逸入空气中，装置应严密，导气管的末端要与接收器内的水面接近，但不能插入水中，否则可能倒吸而引发严重事故。

[4] 加入的速度必须缓慢，并且充分搅拌，以免局部过热而使对乙酰氨基苯磺酰氯水解，这是实验成功的关键。

[5] 尽量将固体所夹杂和吸附的盐酸洗去，否则产物在酸介质中放置过久，会很快发生水解，因此在洗涤后，应尽量将产品压干，且在 1～2h 内将它转化为磺胺类化合物。

[6] 粗制的对乙酰氨基苯磺酰氯久置会容易分解，即使干燥后也不可避免，如果要得到纯品，可将粗产物溶于温热的氯仿中，然后立即转移到事先温热的分液漏斗中，分出氯仿层，在冰水浴中冷却后即可析出结晶。纯的对氨基苯磺酰氯的熔点为 149℃。

[7] 为了节约时间，进一步的粗产物可不必再分出。若要得到产品，可在冰水浴中冷却，抽滤，用冰水洗涤，干燥后即得。粗品用水重结晶，纯品熔点为 219～220℃。

[8] 对乙酰氨基苯磺酰胺在稀酸中水解生成磺胺，后者又会与过量的盐酸形成可溶性的盐酸盐，所以水解完成以后，反应液冷却时应无晶体析出。由于水解前后溶液中胺的含量不同，加入 3.5mL 的盐酸有时不够，因此，在回流至固体完全消失之前，应测一下溶液的酸

碱性，如果碱性不够，应补加盐酸继续回流一段时间。

[9] 用碳酸氢钠中和滤液中的盐酸时，会有二氧化碳伴随生成，故应控制加入速度并不断搅拌使其逸出。

【思考题】

1. 为什么苯胺要乙酰化后再氯磺化？直接氯磺化可否？

2. 为什么在氯磺化反应完成以后处理反应混合物时，必须移到通风橱中，且在充分搅拌下缓慢倒入碎冰中？若在倒完前冰就化完了，是否应补加冰块？为什么？

3. 为什么氨基苯磺酰胺可溶于过量的碱液中？

【e网链接】

1. http://sdbs.db.aist.go.jp/sdbs/cgi-bin/direct_frame_top.cgi

2. http://baike.baidu.com/view/460614.htm

3. http://www.doc88.com/p-302517791222.html

[附图]

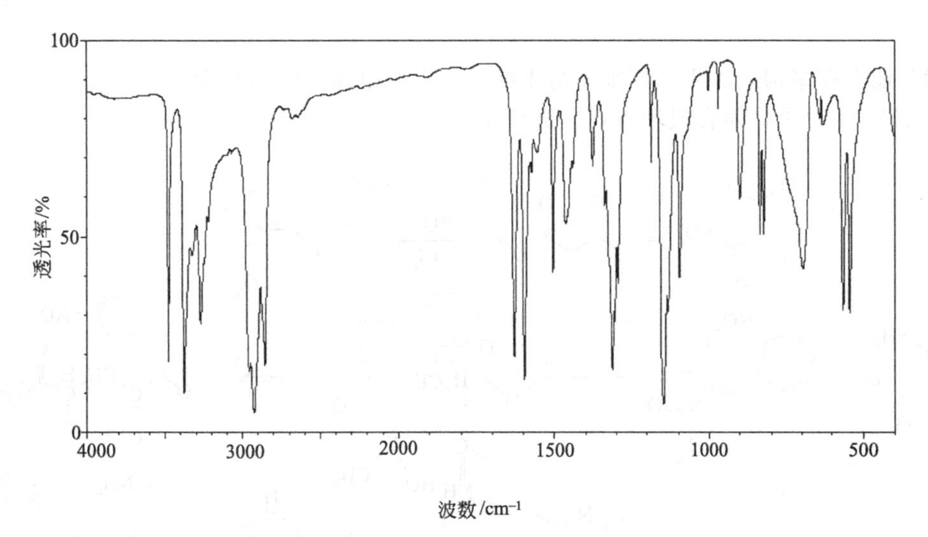

3479	17	2923	4	1505	39	1306	27	838	49	$H_2N-C_6H_4-SO_2-NH_2$
3376	9	2854	16	1464	52	1294	36	825	49	
3321	43	2676	77	1441	86	1188	65	696	41	
3268	26	1629	18	1378	66	1148	7	639	77	
3217	52	1596	13	1366	74	1134	29	629	74	
3068	88	1572	64	1338	55	1097	38	564	30	
2955	14	1555	68	1314	16	901	57	543	29	

对氨基苯磺酰胺的红外光谱图

实验42 硝苯地平的合成

【实验目的与要求】

1. 掌握二氢吡啶类化合物的合成；

2. 了解汉斯（Hanstzh）反应在二氢吡啶类心血管药物生产中的应用；

3. 掌握硝苯地平的结构、性质和鉴别方法。

【实验原理】

硝苯地平，结构式如左所示，化学名 1,4-二氢-2,6-二甲基-4-(2-硝基苯基)-吡啶-3,5-二羧酸二甲酯。硝苯地平是无色无味的结晶粉末。极易溶于丙酮，二氯甲烷，溶于乙酸乙酯，微溶于乙醇。几乎不溶于水。硝苯地平是20 世纪 80 年代末出现的第一个二氢吡啶类抗心绞痛药物，同时它还兼有很好的治疗高血压的功能，是目前仍在广泛使用的抗心绞痛和降血压的药物。硝苯地平是由乙酰乙酸甲酯、邻硝基苯甲醛、氨水缩合得到。

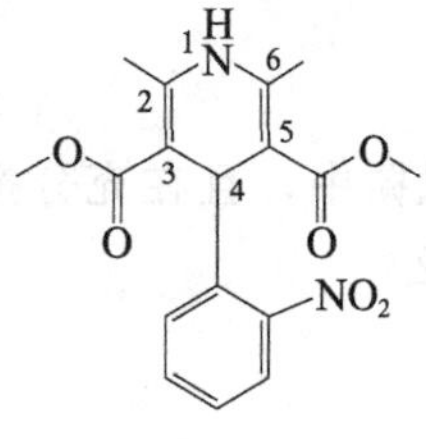

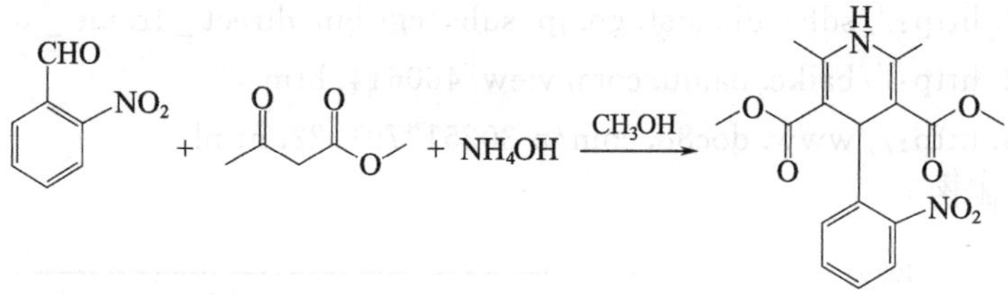

$$\text{CHO}, NO_2 + \text{acetoacetate} + NH_4OH \xrightarrow{CH_3OH} \text{nifedipine}$$

硝苯地平在结构上属于二氢吡啶衍生物，大多可以通过汉斯反应，由 2 分子的酮酸酯和 1 分子的醛、1 分子氨缩合成环得到。机理如下：

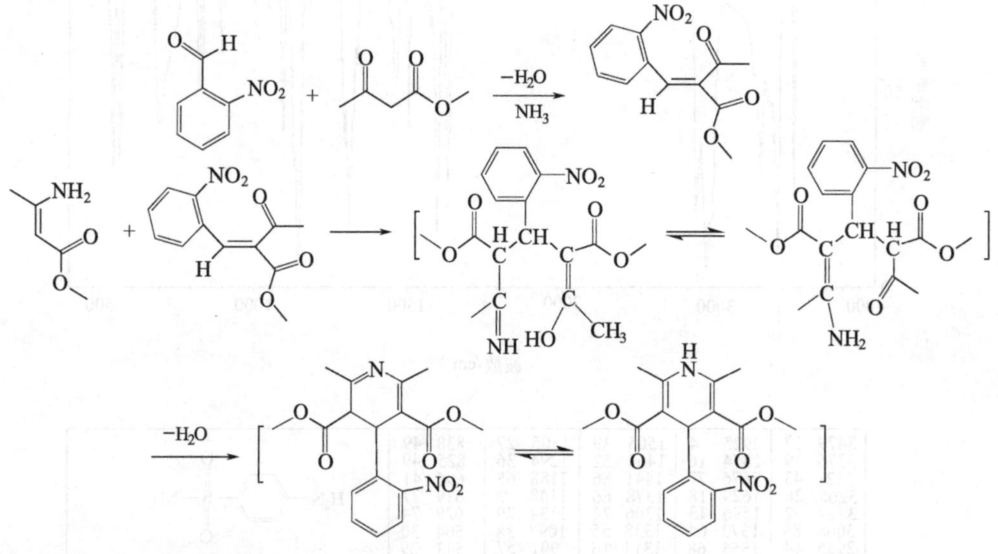

$$\xrightarrow[NH_3]{-H_2O}$$

$$\xrightarrow{-H_2O}$$

【仪器、试剂与材料】

1. 仪器：100mL 圆底烧瓶，电热套，球形冷凝管，循环水真空泵，布氏漏斗，抽滤瓶，显微熔点测定仪，红外光谱仪。

2. 试剂和材料：邻硝基苯甲醛（C. P.），乙酰乙酸甲酯（C. P.），甲醇（C. P.），25%～28%氨水，95%乙醇。

主要反应物和生成物的物理常数：

试剂名称	相对分子质量	熔点/℃	沸点/℃	相对密度 d_4^{20}	水溶性
邻硝基苯甲醛	151.12	43～44	153	1.284	微溶于水
乙酰乙酸甲酯	116.12	−28	169～170	1.077	易溶于水
硝苯地平	346.34	171～175	—	1.31	微溶于水

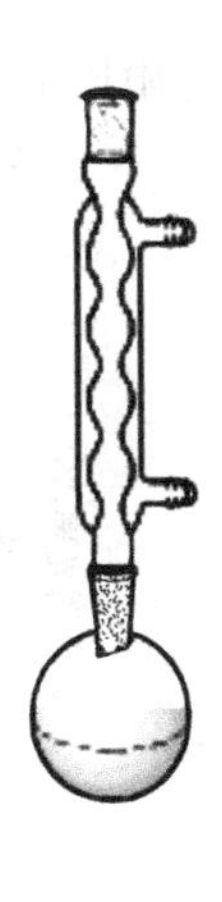

【实验步骤】

1. 产品的制备

向干燥的 100mL 圆底烧瓶中加入邻硝基苯甲醛 7.7g（0.05mol），乙酰乙酸甲酯 12.89mL（0.12mol），甲醇 13mL（0.05mol），氨水 5.5mL（25%～28%），加入沸石 1～2 粒，加热温度保持在 120℃，回流 3～4h[注1]，停止反应。

2. 产品的精制

将反应混合物冷却后，减压除去甲醇后，析出黄色结晶，抽滤，用 20mL 乙醇洗涤滤饼以 95%乙醇重结晶[注2]。利用显微熔点测定仪测定熔点为 172～174℃，产率 64%～65%。

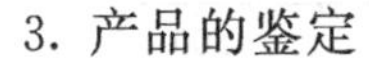

3. 产品的鉴定

取少量干燥后的硝苯地平，用溴化钾压片，利用红外光谱仪来鉴定物质的结构。与标准图谱对比，并归属出硝苯地平的特征吸收峰。

【实验结果与数据处理】

实验步骤	实验现象与解释
硝苯地平：	产率：
产品的鉴定	红外光谱的特征吸收峰值：

【实验注意事项】

1. 反应开始时，缓慢加热，避免大量氨气逸出。
2. 重结晶析出晶体时，尽量采用自然冷却法。

【思考题】

1. 如何监测反应的进行程度？
2. 如何鉴别硝苯地平？

【e 网链接】

1. http://sdbs. db. aist. go. jp/sdbs/cgi-bin/direct _ frame _ top. cgi

2. http://baike. baidu. com/link? url=NP9aoLbZjKc0areJqYRpRE71Zk3-zcpa9sefW4JkqIcdQtkHB0BYhYa8XMy2P4c2

3. http://www. docin. com/p-399246220. html

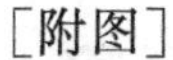

[附图]

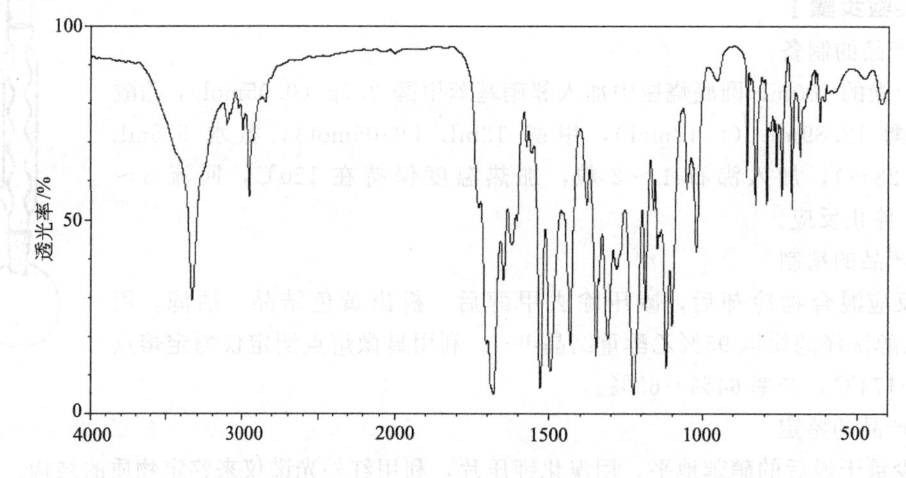

3333	28	1622	42	1380	62	1166	60	869	68
2952	53	1604	49	1350	14	1152	41	830	52
2929	88	1574	66	1341	33	1146	44	795	52
1728	62	1568	64	1312	18	1121	11	764	62
1687	6	1531	6	1283	36	1102	21	746	53
1680	4	1498	10	1227	4	1054	55	713	50
1649	33	1433	17	1190	26	1023	38	687	64

硝苯地平的红外光谱图

实验43　香豆素的合成

【实验目的与要求】

1. 掌握 Perkin 反应的原理和操作方法；
2. 掌握减压蒸馏的原理和操作技术；
3. 练习分水装置的使用方法。

【实验原理】

香豆素又称1,2-苯并吡喃酮，学名邻羟基肉桂酸内酯，是一种重要的化工产品，常用于紫罗兰、素心兰、葵花、兰花等香型日用化妆品及香皂、香精中。此外，它还是一种用途广泛的染料中间体，也可以用于一些橡胶制品和塑料制品，其衍生物可以用于农药、杀鼠剂、医药等。

香豆素通常用水杨醛、乙酸酐做原料，在乙酸钠的催化下通过 Perkin 反应来合成。

反应方程式：

$$\text{(邻羟基苯甲醛)} + CH_3-\overset{O}{\overset{\|}{C}}-O-\overset{O}{\overset{\|}{C}}-CH_3 \xrightarrow{CH_3COONa} \text{(香豆素)}$$

反应机理：

碱性催化剂羧酸钾离解产生羧酸负离子 CH_3COO^-，羧酸负离子与酸酐作用，夺取酸酐中 α 碳上的一个氢原子，形成羧酸酐碳负离子（1），羧酸酐碳负离了（1）作为亲核试剂进攻水杨醛中的羰基碳，发生亲核加成反应，生成氧负离子中间体（2），中间体（2）接受一个质子后消除一分子水，生成中间产物（3），然后（3）水解生成 β-芳基-α,β-不饱和酸（4），（4）经过分子内的酯化反应生成香豆素。

由于水杨醛的羰基碳活性较弱，乙酸酐又是活性较弱的亚甲基化合物，所以制备香豆素的 Perkin 反应和其他 Perkin 反应相比需要较高的温度和较长的反应时间。

$$CH_3COOK \xrightleftharpoons{\text{离解}} CH_3COO^- + K^+$$

$$CH_3COO^- + CH_3-\overset{O}{\overset{\|}{C}}-O-\overset{O}{\overset{\|}{C}}-CH_3 \xrightarrow{\text{氢转移}} CH_3COOH + {}^-CH_2-\overset{O}{\overset{\|}{C}}-O-\overset{O}{\overset{\|}{C}}-CH_3 \quad (1)$$

$$\text{(水杨醛)} + {}^-CH_2-\overset{O}{\overset{\|}{C}}-O-\overset{O}{\overset{\|}{C}}-CH_3 \xrightarrow{\text{亲核加成}} \text{(o-HO-}C_6H_4\text{)}-\overset{O^-}{\overset{|}{C}H}-CH_2-\overset{O}{\overset{\|}{C}}-O-\overset{O}{\overset{\|}{C}}-CH_3 \quad (2)$$

$$\xrightarrow[-H_2O]{+H^+} \text{(o-HO-}C_6H_4\text{)}-CH{=}CH-\overset{O}{\overset{\|}{C}}-O-\overset{O}{\overset{\|}{C}}-CH_3 \quad (3) \xrightarrow{\text{水解}} \text{(o-HO-}C_6H_4\text{)}-CH{=}CH-COOH \quad (4) + CH_3COOH$$

$$\text{(o-HO-}C_6H_4\text{)}-CH{=}CH-COOH \xrightarrow{-H_2O} \text{香豆素}$$

副反应：

$$\text{(o-HO-}C_6H_4\text{)}-CHO \xrightarrow{[O]} \text{(o-HO-}C_6H_4\text{)}-COOH \qquad \text{氧化反应}$$

$$2\ \text{(o-HO-}C_6H_4\text{)}-CHO \longrightarrow \text{(二聚体，含 O—CH(OH) 及 CH(OH)—O)} \qquad \text{二聚反应}$$

$$\text{(o-HO-}C_6H_4\text{)}-CHO + (CH_3CO)_2O \xrightarrow[+H_2O]{\triangle} \text{(o-}CH_3-\overset{O}{\overset{\|}{C}}-O-C_6H_4\text{)}-CHO \qquad \text{羟基的乙酰化反应}$$

【仪器、试剂与材料】

1. 仪器：250mL 三颈烧瓶，温度计，电动搅拌器，分水器，分液漏斗，常压蒸馏装置，减压蒸馏装置，真空泵，抽滤瓶，布氏漏斗。

2. 试剂和材料：水杨醛（C. P.），醋酸酐（C. P.），无水乙酸钠，六结晶水氯化亚钴，95%乙醇，苯（C. P.），活性炭。

主要反应物和生成物的物理常数：

试剂名称	相对分子质量	熔点/℃	沸点/℃	相对密度 d_4^{20}	水溶性
水杨醛	122.12	−7	193.7	1.17	微溶于水
乙酸酐	102.09	−73.1	138.6	1.08	缓慢溶于热水，形成乙酸
香豆素	146.04	69	297～299	0.935	难溶于水

【实验步骤】

1. 产品的制备

250mL 三颈烧瓶，左口配有量程为 250℃的温度计，中口配有机械搅拌装置，右口安装分水装置。依次投入 18.5g（0.15mol）水杨醛、31g（0.3mol）醋酸酐[注1]、24.5g（0.3mol）无水乙酸钠、0.64g 六结晶水氯化亚钴。搅拌下[注2]油浴加热[注3]到 150℃，同温保温反应 2h。反应过程中乙酸和乙酸酐不断由分水器蒸出（共约 22g），随着乙酸和乙酸酐的蒸出，反应温度逐渐升高到 180℃，在 180～195℃[注4]保温反应 3h。

2. 产品的精制

加入 100mL 热水将反应物稀释，搅拌 15min 后转入分液漏斗，趁热分出下层（油层），上层（水层）用 40mL 苯萃取，合并有机相，常压蒸馏并回收苯。剩余物经减压蒸馏，收集 130～180℃（5.3kPa）馏分，馏出物经冷凝结晶、抽滤得到香豆素粗品。

粗品用 95%的乙醇重结晶，然后加适量的活性炭脱色，得到纯净的香豆素。称重，并计算产率。

3. 产品的鉴定

取少量干燥后的香豆素，用溴化钾压片，利用红外光谱仪来鉴定物质的结构。与标准图谱对比，并归属出香豆素的特征吸收峰。

【实验结果与数据处理】

实验步骤	实验现象与解释
所得香豆素的质量：	产率：
产品的鉴定	红外光谱特征吸收峰值：

【实验注意事项】

1. 乙酸酐的用量在整个反应过程中影响显著，乙酸酐在反应条件下易挥发又兼做溶剂，所以用量不能少。

2. 由于有固体乙酸钠参加反应，良好的搅拌有利于反应的进行，本实验采用机械搅拌。

3. 该反应要求控温平稳，而且温度较高，所以反应体系宜选用油浴加温装置。

4. 水杨醛的反应活性较低，乙酸酐又是活性较弱的亚甲基化合物，故制备香豆素的 Perkin 反应需要较高的温度和较长的时间。但反应温度过高容易导致副反应的发生。资料表明，一般为 150～200℃。

【思考题】

1. 反应温度对产物有什么影响？
2. 香豆素一般有哪些制备方法？

【e网链接】

1. http://wenku.baidu.com/link?url=cyz5ZbiJFSnNLYhZaiUDsbyIA0eAEjs6m9FBS4uoyeYjktu-Az34KqNXzZoc7N4BW48y7n1XoZYA3DuranxV4hbcV_Zht2xCGgShj1ZF3SO
2. http://wenku.baidu.com/view/29f902300b4c2e3f572763e8.html
3. http://sdbs.db.aist.go.jp/sdbs/cgi-bin/direct_frame_top.cgi

[附图]

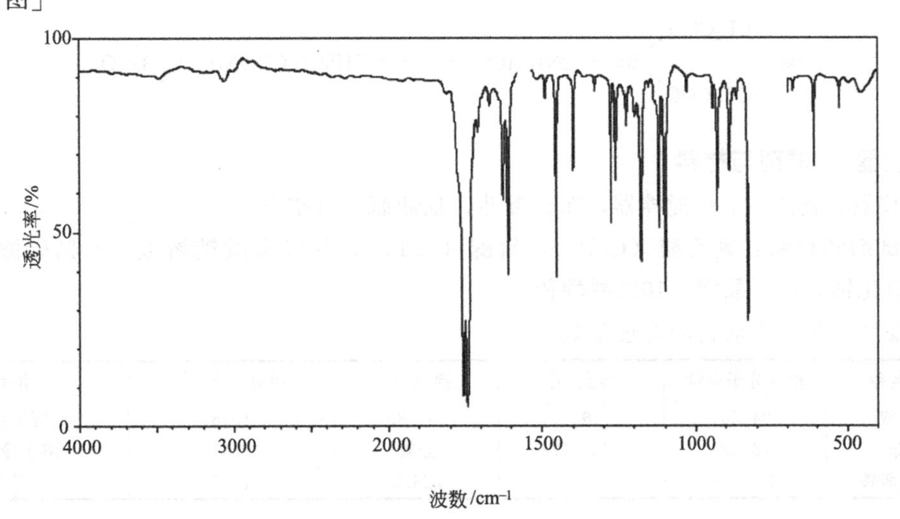

3075	86	1608	37	1276	60	1120	49	828	26
3056	86	1552	95	1260	60	1099	34	681	84
1755	7	1489	81	1225	74	1029	84	610	64
1742	4	1464	37	1198	77	942	79	526	79
1707	72	1407	86	1178	41	928	53	496	84
1669	79	1398	64	1154	84	888	64	456	61
1625	67	1328	84	1134	81	866	81		

香豆素的红外光谱图

实验44 巯基乙酸铵的制备

【实验目的与要求】

1. 掌握巯基乙酸铵的制备原理与方法；
2. 掌握巯基乙酸铵的定性分析方法；
3. 了解冷烫剂的应用。

【实验原理】

冷烫精是常用的美容用品之一，它有不少品种，但目前国内使用最普遍的是含有效成分巯基乙酸铵作为还原剂（第一剂）的一种产品，它能够切断头发角蛋白中的—S—S—键，使头发软化有利于卷曲，常常和氧化剂（第二剂）配合使用，氧化剂的作用是使卷好的头发中的巯基氧化，使它与邻近的巯基偶联成新的—S—S—键而把头发的形状固定下来。

巯基乙酸铵为淡红色液体，有特殊的臭味，其制备方法较多，本实验采用硫脲法制备，反应机理如下：

$$ClCH_2COOH \xrightarrow{NaOH} ClCH_2COONa \xrightarrow{SC(NH_2)_2} NH{=}C(NH_2)SCH_2COOH$$

$$NH{=}C(NH_2)SCH_2COOH \xrightarrow{Ba(OH)_2} Ba(SCH_2COO)_2Ba + CO(NH_2)_2$$

$$Ba(SCH_2COO)_2Ba + 2NH_4HCO_3 \longrightarrow 2HSCH_2COONH_4 + 2BaCO_3$$

【仪器、试剂与材料】

1. 仪器：烧杯，电动搅拌器，布氏漏斗，抽滤瓶，真空泵。

2. 试剂和材料：氯乙酸（C. P.），硫脲（C. P.），20%碳酸钠溶液，20%碳酸氢铵溶液，氢氧化钡，10%醋酸，10%醋酸镉。

主要反应物和生成物的物理常数：

试剂名称	相对分子质量	熔点/℃	沸点/℃	相对密度 d_4^{20}	水溶性
氯乙酸	94.50	61	187.85	1.58	溶于水
硫脲	76.12	176～178	分解	1.41	溶于冷水
巯基乙酸铵	109.15	—	225.5	1.17	溶于水

【实验步骤】

1. 产品的制备

称取氯乙酸[注1] 4.9g（0.05mol）于100mL烧杯中，加入10mL去离子水，搅拌使氯乙酸全部溶解，小心[注2]地加入20%碳酸钠溶液11g至pH值为5～6[注3]，静置、澄清。

称取4.6g（0.06mol）硫脲于另一100mL烧杯中，加入20mL去离子水，加热到50～55℃，搅拌使溶解，然后将第一步澄清的氯乙酸钠加入，补加3.5g 20%的碳酸钠溶液，在60℃保温反应30min，间歇搅拌。趁热抽滤，滤饼用50℃水洗涤两次后抽滤压干，得*S*-羧甲基异硫脲粗品。

称取氢氧化钡17.5g于200mL烧杯中，加入20mL 85℃的热水，间歇搅拌使之全溶，再加入第二步所得*S*-羧甲基异硫脲粗品，在70℃下保温反应1h，间歇搅拌，使沉淀物完全转化成巯基乙酸钡。将混合液冷却到室温，抽滤，固体用去离子水洗两次，抽滤压干，得白色巯基乙酸钡沉淀。含有尿素的碱性滤液经酸性氧化剂处理后排放。

将25g 20%碳酸氢钠溶液加入另一烧杯中，将第三步所得钡盐分散投入，搅拌10min后过滤，滤饼再用25g 20%碳酸氢钠溶液重复处理一次，将两次滤液合并，得到浅红色的液体即为巯基乙酸铵溶液，所得的巯基乙酸铵溶液的质量分数约为10%。

2. 产品的鉴定

将2mL产品稀释至10mL，加入10%醋酸5mL，摇匀，加10%醋酸镉2mL，摇匀。观察现象。此时如果有巯基乙酸铵，则生成白色胶状物，再加10%氨水，摇匀则白色胶状物溶解。

【实验结果与数据处理】

实验步骤	实验现象与解释
所得巯基乙酸铵的质量：	产率：
产品的鉴定	

【实验注意事项】

1. 氯乙酸的腐蚀性很强，且容易吸潮，所以取用时应使用胶皮手套，取用后立即把试剂瓶封好。

2. 中和过程中避免加料太快，避免二氧化碳释放过于猛烈而损失物料。

3. 氯乙酸在碱性条件下易水解成乙醇酸，所以制备氯乙酸钠时，最后的 pH 值不宜超过 6，所以该步加入的碳酸钠低于理论用量，其余在下步补加。

【思考题】

1. 第一步反应的 pH 值如果超过 6 会有什么后果？

【e 网链接】

1. http://www.docin.com/p-100818660.html

2. http://wenku.baidu.com/link?url=UBkRZnFAbBN2zKzenhrISNxlUycvqfduwgrXwI8ifWvok6dN3W2ude1VNq81HFws5ihKdgZ88z0OlU-ld8_xcm85GnTDNwKd76M7n1sj2Hi

实验 45 四氯合铜二乙基铵盐的合成与热致变色实验

【实验目的与要求】

1. 学习热致变色材料四氯合铜二乙基铵盐的合成；

2. 了解热致变色的机理及影响因素；

3. 仔细观察热致变色材料随温度改变而发生颜色变化。

【实验原理】

在高于或低于某个特定区间会发生颜色变化的材料叫做热致变色（thermo- chromic）材料。颜色随温度连续变化的现象称为连续热致变色，而只在某一特定温度下发生颜色变化的现象称为不连续热致变色。能随温度升降，反复发生颜色变化的称为可逆热致变色，而随温度变化只能发生一次颜色变化的称为不可逆热致变色。热致变色材料已在工业和高新技术领域得到广泛应用。例如，利用可逆热致变色对仪器或反应器的温度变化发出警告色，制造变色茶杯和玩具。

热致变色的原理很复杂，其中无机氧化物的热致变色多与晶体结构有关；无机配合物则与配位结构或水合程度有关；有机分子的异构化也可以引起热致变色。四氯合铜二乙基铵盐在温度较低时，由于氯离子与二乙基铵离子中氢之间的氢键较强和晶体场稳定作用，处于扭曲的平面正方形结构。随温度升高，分子内振动加剧，其结构就从扭曲的平面正方形结构转变为扭曲的正四面体结构，其颜色就相应地由亮绿色转变为黄色。胆甾型液晶具有螺旋结构，随着温度的变化，其干涉光的波长随之变化，也就引起反射光波长变化，导致热致变色现象。

四氯合铜二乙基铵盐由盐酸二乙基胺和氯化铜在分子筛存在下制备：

$$CuCl_2 \cdot 2H_2O + 2[(C_2H_5)_2NH \cdot HCl] \xrightarrow[\text{异丙醇}]{\text{分子筛}} [(C_2H_5)_2NH]_2CuCl_4 + 2H_2O$$

【仪器、试剂与材料】

1. 仪器：50mL 三角瓶，布氏漏斗，抽滤瓶，真空循环水泵，干燥器，毛细玻璃管，温度计，橡皮筋，烧杯，吹风机，电热套。

2. 试剂和材料：二乙基胺盐酸盐（99%，C. P.），氯化铜（二结晶水）（C. P.），异丙醇（C. P.），3A 分子筛（C. P.），无水乙醇（C. P.），NaCl（C. P.），凡士林，滤纸，冰。

主要反应物和生成物的物理常数：

试剂名称	相对分子质量	熔点/℃	沸点/℃	相对密度 d_4^{20}	水溶性
氯化铜	170.45	—	—	—	溶于水
二乙基胺盐酸盐	109.60	227～230	—	—	溶于水

【实验步骤】

1. 热致变色材料四氯合铜二乙基铵盐的制备

取 50mL 三角瓶，称取 5.5g（0.05mol）二乙基胺盐酸盐，用 24mL 异丙醇溶解。另取一个三角瓶，称取 2.8g（0.017mol）二结晶水氯化铜，加入 5mL 无水乙醇稍加热使溶解。然后将二者混合，并加入 6 粒 3A 分子筛[注1]，将三角瓶在冰盐水中冷却，逐渐析出亮绿色针状结晶。迅速抽滤，并用少量异丙醇洗涤，将产物放入干燥器保存[注2]。

2. 热致变色现象的观察

取上述样品 1～2g 装入一段封口的玻璃毛细管中并蹾实[注3]，将毛细管口用凡士林堵住，以防吸潮。将此毛细管用橡皮筋固定在温度计上，并使样品部位和温度计水银球平齐。放到盛水的烧杯里（注意水平面不要超过毛细管口），缓慢加热，当温度升到 40～55℃时，注意观察变色现象，并记录变色温度。然后取出温度计，室温下观察随温度的降低颜色的变化，并记录变色温度。

取一粒结晶，观察其颜色，小心用吹风机的热风加热 1～2min，观察随温度升降颜色反复发生变化的可逆热致变色现象。

【实验结果与数据处理】

实验步骤	实验现象与解释

【实验注意事项】

1. 分子筛应在 110～120℃烘箱活化 2h。

2. 因产物易吸潮自溶，操作要快，干燥保存。

3. 毛细管 6～8cm，用微量法测熔点的毛细管即可，蹾实的方法也一样，即在一个 100cm 左右长的玻璃管中自由落体。

【思考题】

1. 热致发光材料是如何发光的？用途是什么？

2. 分子筛在使用时应注意些什么？

【e 网链接】

http://www.docin.com/p-698151121.html

实验 46　鲁米诺的合成与化学发光

【实验目的与要求】

1. 学习鲁米诺（Luminol）的制备原理；

2. 学习鲁米诺（Luminol）的制备方法；

3. 了解鲁米诺化学发光的原理。

【实验原理】

鲁米诺化学名为 3-氨基邻苯二甲酰肼，具有化学发光性质。合成路线为：

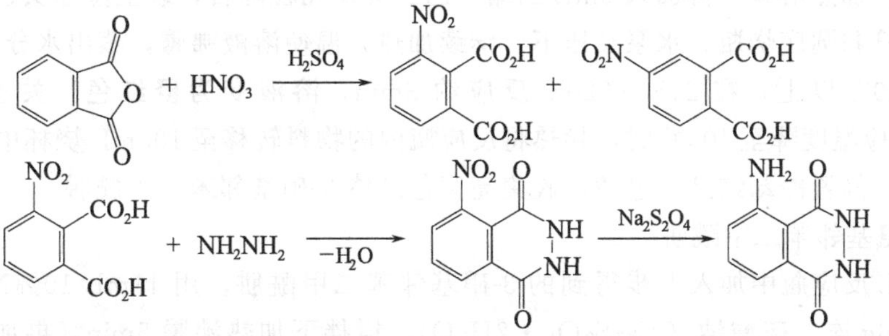

鲁米诺在中性溶液中以偶极离子的形式存在，它本身见光后显出弱的蓝色荧光，但在碱性溶液中它转变成二价负离子，后者可以被分子氧氧化成化学发光中间体。发光机理如下：

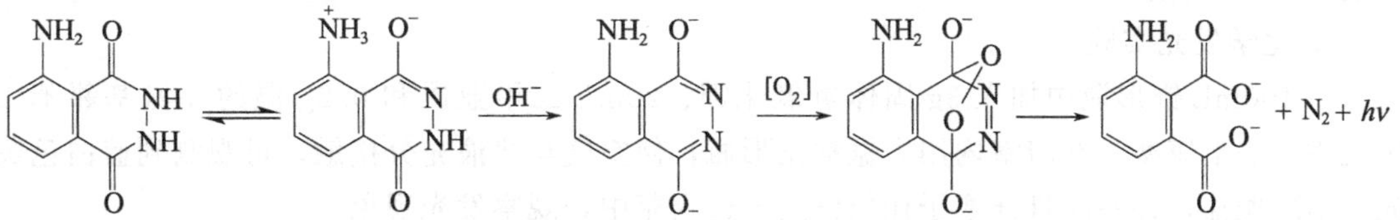

生成的过氧化物不稳定，分解放出氮气，生成 3-氨基邻苯二甲酸二价负离子，其电子处于激发三线态（T_1）。激发三线态二价负离子经系间交叉作用转变成激发单线态（S_1），回到基态（S_0）时发射光子产生荧光。如果在鲁米诺中加入不同的荧光染料，可发出不同颜色的荧光。如加入曙红，荧光颜色为橘红色；加入罗丹明 B，则为绿色荧光。

【仪器、试剂与材料】

1. 仪器：50mL 三口瓶，球形冷凝管，磁力搅拌器，油浴，控温仪，变压器，布氏漏斗，抽滤瓶，真空循环水泵，50mL 茄形瓶，沸石，蒸馏头，温度计，真空接引管，50mL

圆底烧瓶，100mL 烧杯，100mL 锥形瓶，瓶塞。

2. 试剂和材料：邻苯二甲酸酐（≥99%，C. P.），浓硝酸（36%～38%），浓硫酸 98%，10%水合肼，二缩三乙二醇（A. R.），10%氢氧化钠溶液，连二硫酸钠（A. R.），冰醋酸（A. R.），氢氧化钾（A. R.），二甲亚砜（C. P.），滤纸。

主要反应物和生成物的物理常数：

试剂名称	相对分子质量	熔点/℃	沸点/℃	相对密度 d_4^{20}	水溶性
邻苯二甲酸酐	148.12	130.8	295	1.5270	稍溶于冷水
3-硝基邻苯二甲酸	211.13	213～216	—	0.847	难溶于水
3-氨基邻苯二甲酰肼	177.16	319～320	—	—	不溶于水

【实验步骤】

1. 鲁米诺的制备

（1）3-硝基邻苯二甲酸

在 50mL 三口瓶上装回流冷凝管和滴液漏斗，加入 5.0mL 浓硝酸和 5.0g（0.034mL）邻苯二甲酸酐，搅拌下滴加 5.6mL 浓硫酸。搅拌 10min，加热回流 1h，液体渐渐浑浊，停止加热。稍冷后，加入 12mL 水，抽滤收集固体得粗产物[注1]。用水重结晶得白色 3-硝基邻苯二甲酸约 2.2g，熔点 216～218℃（文献值为 218℃）。

（2）3-硝基邻苯二甲酰肼

在 50mL 茄形瓶中加入 2.1g（0.01mol）3-硝基邻苯二甲酸和 3.2mL（0.01mol）10%水合肼溶液，加热溶解。再加入 6mL 二缩三乙二醇及几粒沸石，装上蒸馏头、插入温度计、接真空接引管和圆底烧瓶。水泵减压下，继续加热升温使溶液沸腾，蒸出水分。使反应温度快速升至 200℃以上，在 215～220℃反应约 3min，溶液变为橙红色。关水泵，停止加热。[注2]当反应温度降至 100℃时，趁热将反应瓶内的物料转移至 100mL 烧杯中，加入 30mL 热水，搅匀。静置冷却结晶，过滤，收集亮黄色晶体 3-硝基邻苯二甲酰肼。

（3）3-氨基邻苯二甲酰肼

在 50mL 反应瓶中加入上步得到的 3-硝基邻苯二甲酰肼，用 11mL 10%NaOH 溶液溶解，再加入 6g 连二硫酸钠（$Na_2S_2O_4 \cdot 2H_2O$）。搅拌下加热沸腾 5min，再加入 2.6mL 冰醋酸。混合均匀后冷却结晶，抽滤分离，晶体用水洗涤 2～3 次，干燥得产物 3-氨基邻苯二甲酰肼 1.2g，熔点 319～320℃。

2. 化学发光实验

在 100mL 锥形瓶中加入 3g 固体氢氧化钾、20mL 二甲亚砜和 0.2g 湿的 3-氨基邻苯二甲酰肼，盖上瓶塞。在暗室内用力振摇锥形瓶，使空气与溶液充分接触，可观测到蓝白色荧光。不断振摇，并不时打开塞子让新鲜空气进入瓶中，观察发光现象。

【实验结果与数据处理】

实验步骤		实验现象与解释
产品鉴定	红外特征吸收峰：	

【实验注意事项】

1. 4 硝基邻苯二甲酸易溶于冷水，可从母液中回收。

2. 关水泵和停止加热时，一定要先打开安全瓶上的活塞，使反应体系与大气连通，否则容易发生倒吸。

【思考题】

1. 鲁米诺的合成过程中用到肼，其作用是什么？

2. 鲁米诺为什么会发光？

【e 网链接】

1. http://bbs. instrument. com. cn/shtml/20070516/839635/

2. http://baike. baidu. com/link? url=nqtqZByDKv8h _ gBKlpHzhkz _ d-BR0pDN0R OnkNc8MA Abnpf65c2LnNqE4U5zYcHp

3. http://www. med66. com/new/56a301a2009/2009522yuchan165217. shtml

4. http://sdbs. db. aist. go. jp/sdbs/cgi-bin/direct _ frame _ top. cgi

[附图]

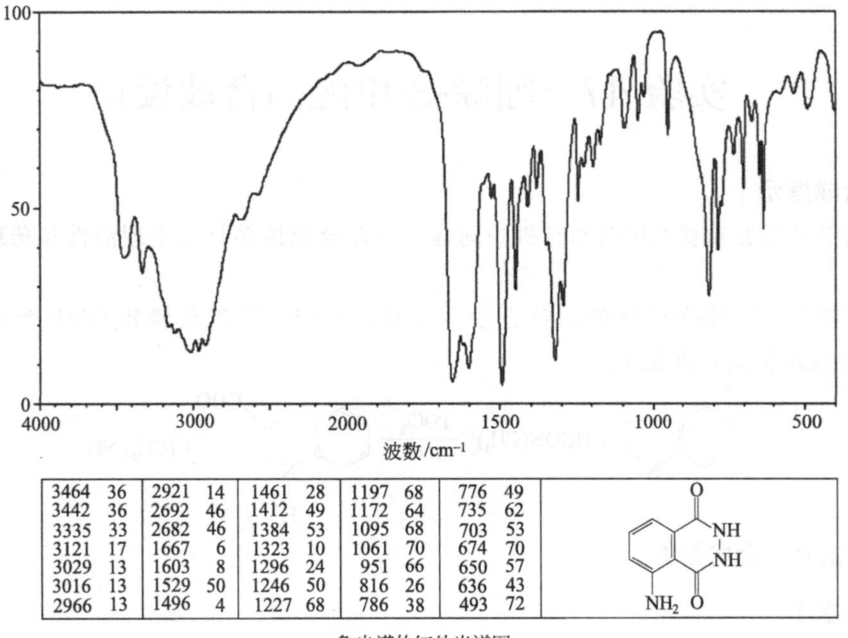

波数	透光率	波数	透光率	波数	透光率	波数	透光率	波数	透光率
3464	36	2921	14	1461	28	1197	68	776	49
3442	36	2692	46	1412	49	1172	64	735	62
3335	33	2682	46	1384	53	1095	68	703	53
3121	17	1667	6	1323	10	1061	70	674	70
3029	13	1603	8	1296	24	951	66	650	57
3016	13	1529	50	1246	50	816	26	636	43
2966	13	1496	4	1227	68	786	38	493	72

鲁米诺的红外光谱图

设计性合成实验

设计性实验是为了充分调动学生的学习主动性、积极性和创造性，让学生自行查阅资料，自行设计，独立完成的实验。

本章列出了五个设计性实验。这些实验要求学生首先查阅相关文献，对文献所记载的实验方法、条件等进行正确的判断和综合，通过透彻掌握目标化合物的合成原理、性质设计出可行的实验方案（包括合成路线的制订、原料和试剂的选择、仪器的选用、反应条件的控制和产品的纯化和鉴定等）。在老师的认可和指导下，自己完成目标化合物的合成。

通过设计性实验可以培养学生查阅文献的能力、独立分析问题和解决问题的能力、实验动手能力和观察能力，为以后从事科学研究打下坚实的基础。

实验 47　吲哚-3-甲醛的合成设计

【合成提示】

吲哚-3-甲醛是重要的医药和有机中间体，可以合成许多具有生理活性和药理活性的化合物。

从文献看，吲哚-3-甲醛的制备方法主要是以吲哚、三氯氧磷和 DMF 为原料，通过 Vilsmeier 反应得到，方程式：

$$\text{(indole, N-H)} + HCON(CH_3)_2 \xrightarrow[H_2O]{POCl_3} \text{(3-CHO indole, N-H)} + (CH_3)_2NH$$

还有其他的合成方法。

【要求】

1. 查阅有关文献，设计并确定一种可行的制备实验方法，写出详细的实验步骤。
2. 合成 2～3g 的吲哚-3-甲醛的产品。

实验 48　2-环己氧基乙醇的合成设计

【合成提示】

环己醇氧化得到环己酮（见“环己酮的制备”），环己酮在酸性条件下与乙二醇形成缩酮，再还原生成 2-环己氧基乙醇。

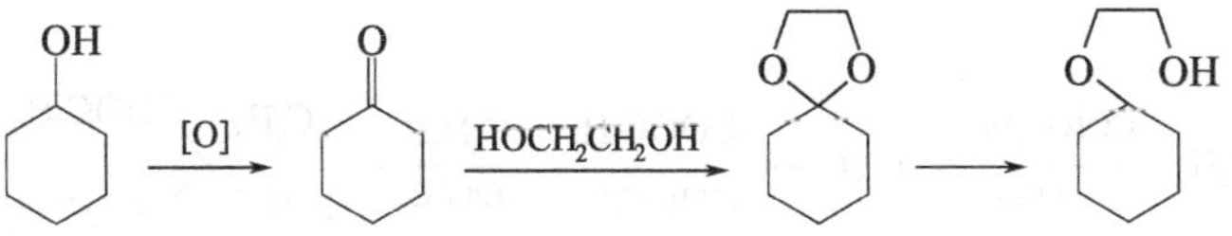

$$\text{环己醇} \xrightarrow{[O]} \text{环己酮} \xrightarrow{HOCH_2CH_2OH} \text{环己酮缩乙二醇} \longrightarrow \text{2-环己氧基乙醇}$$

【要求】

1. 查阅有关文献，设计并确定一种可行的制备实验方法，写出详细的实验步骤。
2. 合成 2～3g 的 2-环己氧基乙醇的产品。

实验 49 聚己内酰胺的合成设计

【合成提示】

聚酰胺为结构中包含酰胺基团的线型高分子化合物，通常称为尼龙。己内酰胺具有不稳定的七元环结构，在高温和催化剂的作用下，可以开环聚合成线型高分子——聚己内酰胺，又称尼龙 6。在我国尼龙 6 还称为锦纶，是一种人工合成纤维，具有很好的强度和耐磨性，因此还可用于加工塑料。

聚合反应的催化剂除水之外，还可以是有机酸、碱或金属锂、钠等。采用不同的催化剂，聚合反应的机理也各不相同，其聚合速度和所得聚合产物也将有很大差异。用水作为催化剂时，通常得到相对分子质量为 10^4～4×10^4 的线型高分子聚合物，聚合物的两端分别为羧基和氨基。

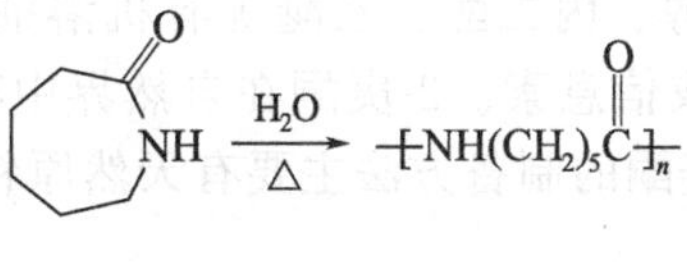

$$\text{己内酰胺} \xrightarrow[\triangle]{H_2O} \left[NH(CH_2)_5\overset{O}{\overset{\|}{C}} \right]_n$$

【要求】

1. 查阅有关文献，设计并确定一种可行的制备实验方法，写出详细的实验步骤。
2. 合成 1g 的聚己内酰胺的产品。

实验 50 苯巴比妥的合成设计

【合成提示】

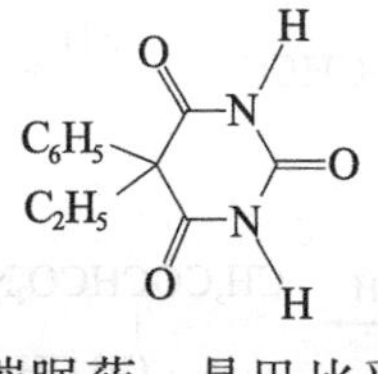

（苯巴比妥结构式：5-乙基-5-苯基嘧啶-2,4,6-三酮，取代基 C_6H_5、C_2H_5）

巴比妥类药物为环状酰脲类镇静催眠药，是巴比妥酸的衍生物，它具有如下基本结构：巴比妥酸环状丙二酰脲、取代基部分。苯巴比妥即是其衍生物之一，又名鲁米那，5-乙基-5-苯基巴比妥酸，其结构式如上所示。苯巴比妥的合成主要采用以下方法：以苯乙酸乙酯为原料，在醇钠催化下，先与碳酸二乙酯进行克莱森缩合再引入乙基，最后与脲反应直接得到苯巴比妥。

设计路线如下

$$C_6H_5CH_2COOC_2H_5 \xrightarrow[EtONa]{CO(OC_2H_5)_2} C_6H_5CH(COOC_2H_5)_2 \xrightarrow[EtONa]{C_2H_5Br} (C_6H_5)(C_2H_5)C(COOC_2H_5)_2 \xrightarrow[EtONa]{H_2NCONH_2}$$

$$\text{5-乙基-5-苯基-2-ONa-嘧啶二酮钠盐} \xrightarrow{HCl} \text{5-乙基-5-苯基巴比妥酸（苯巴比妥）}$$

【要求】

1. 查阅有关文献，设计并确定一种可行的制备实验方法，写出详细的实验步骤。
2. 合成 2～3g 的苯巴比妥的产品。

实验 51　2-庚酮的合成设计

【合成提示】

2-庚酮又称甲基戊基酮，为无色液体，沸点为 150.6℃，闪点为 49℃，密度为 0.8166g/mL，折射率为 1.411；溶于乙醇、丙二醇、乙醚等有机溶剂，微溶于水。他是一种有用的香料、溶剂，也是一种蜜蜂警戒信息素。2-庚酮在自然界中存在于丁香油、桂油、芸香油、椰子油等多种植物精油中。2-庚酮的制备方法主要有天然原料提取法、格氏试剂法、羟醛缩合法、乙酰乙酸乙酯法。

1. 格氏试剂法

$$CH_3CHO \xrightarrow[(2)\ H_2O]{(1)\ CH_3CH_2CH_2CH_2CH_2MgBr} CH_3CH_2CH_2CH_2CH_2CH(OH)CH_3 \xrightarrow{[O]} CH_3CO(CH_2)_4CH_3$$

2. 羟醛缩合法

$$CH_3CH_2CH_2CHO + CH_3COCH_3 \xrightarrow{Catalyst} CH_3CH_2CH_2CH(OH)CH_2COCH_3 \xrightarrow{-H_2O}$$

$$CH_3CH_2CH_2CH{=}CHCOCH_3 \xrightarrow{+H_2} CH_3CO(CH_2)_4CH_3$$

3. 乙酰乙酸乙酯法

$$CH_3COCH(CH_2CH_2CH_2CH_3)CO_2C_2H_5 \xrightarrow{NaOH} CH_3COCH(CH_2CH_2CH_2CH_3)CO_2Na \xrightarrow{H_2SO_4} CH_3CO(CH_2)_4CH_3$$

【要求】

1. 查阅有关文献，设计并确定一种可行的制备实验方法，写出详细的实验步骤。
2. 合成 2～3g 的 2-庚酮的产品。

附录 1　常用元素的相对原子质量

元素名称		相对原子质量	元素名称		相对原子质量
银	Ag	107.87	锂	Li	6.491
铝	Al	26.98	镁	Mg	24.31
硼	B	10.81	锰	Mn	54.938
钡	Ba	137.34	钼	Mo	95.94
溴	Br	79.90	氮	N	14.007
碳	C	12.01	钠	Na	22.990
钙	Ca	40.08	镍	Ni	58.693
氯	Cl	35.45	氧	O	15.999
铬	Cr	51.995	磷	P	30.97
铜	Cu	63.54	铅	Pb	207.19
氟	F	18.998	钯	Pd	106.42
铁	Fe	55.845	铂	Pt	195.09
氢	H	1.008	硫	S	32.064
汞	Hg	200.59	硅	Si	28.086
碘	I	126.904	锡	Sn	118.71
钾	K	39.098	锌	Zn	65.37

附录 2　常用酸碱相对密度及组成表

盐酸

HCl 质量分数/%	相对密度 d_4^{20}	100mL 水溶液 中 HCl 含量/g	HCl 质量分数/%	相对密度 d_4^{20}	100mL 水溶液中 HCl 含量/g
1	1.0032	1.003	12	1.0574	12.69
2	1.0082	2.006	14	1.0675	14.95
4	10.0181	4.007	16	1.0776	17.24
6	1.0279	6.167	18	1.0878	19.58
8	1.0376	8.301	20	1.0980	21.96
10	1.0474	10.47	22	1.1083	24.38

续表

HCl 质量分数/%	相对密度 d_4^{20}	100mL 水溶液中 HCl 含量/g	HCl 质量分数/%	相对密度 d_4^{20}	100mL 水溶液中 HCl 含量/g
24	1.1187	26.85	34	1.1691	39.75
26	1.1290	29.35	36	1.1789	42.44
28	1.1392	31.90	38	1.1885	45.16
30	1.1492	34.48	40	1.1980	47.92
32	1.1593	37.10			

硫酸

H_2SO_4 质量分数/%	相对密度 d_4^{20}	100mL 水溶液中 H_2SO_4 含量/g	H_2SO_4 质量分数/%	相对密度 d_4^{20}	100mL 水溶液中 H_2SO_4 含量/g
1	1.0051	1.005	65	1.5533	101.0
2	1.0118	2.024	70	1.6105	112.7
3	1.0184	3.055	75	1.6692	125.2
4	1.0250	4.100	80	1.7272	138.2
5	1.0317	5.159	85	1.7786	151.2
10	1.0661	10.660	90	1.8144	163.3
15	1.1020	16.530	91	1.8195	165.6
2	1.1394	22.790	92	1.8240	167.8
25	1.1783	29.460	93	1.8279	170.2
30	1.2185	36.560	94	1.8312	172.1
35	1.2599	44.100	95	1.8337	174.2
40	1.3028	52.110	96	1.8355	176.2
45	1.3476	60.640	97	1.8364	178.1
50	1.3951	69.760	98	1.8361	179.9
55	1.4453	79.490	99	1.8342	181.6
60	1.4983	89.900	100	1.8305	183.1

硝酸

HNO_3 质量分数/%	相对密度 d_4^{20}	100mL 水溶液中 HNO_3 含量/g	HNO_3 质量分数/%	相对密度 d_4^{20}	100mL 水溶液中 HNO_3 含量/g
1	1.0036	1.0040	35	1.2140	42.490
2	1.0091	2.018	40	1.2463	49.580
3	1.0146	3.004	45	1.2783	57.520
4	1.0210	4.080	50	1.3100	65.500
5	1.0256	5.128	55	1.3393	73.660
10	1.0543	10.540	60	1.3667	82.000
15	1.0842	16.260	65	1.3913	90.43
2	1.1150	22.300	70	1.4134	98.94
25	1.1469	28.670	75	1.4337	107.5
30	1.1880	35.400	80	1.4521	116.2

续表

HNO_3 质量分数/%	相对密度 d_4^{20}	100mL 水溶液中 HNO_3 含量/g	HNO_3 质量分数/%	相对密度 d_4^{20}	100mL 水溶液中 HNO_3 含量/g
85	1.4686	124.8	95	1.4932	141.9
90	1.4826	133.4	96	1.4952	143.5
91	1.4850	135.1	97	1.4974	145.2
92	1.4873	136.8	98	1.5008	147.1
93	1.4892	138.5	99	1.5056	149.1
94	1.4912	140.2	100	1.5129	151.3

醋酸

CH_3COOH 质量分数/%	相对密度 d_4^{20}	100mL 水溶液中 CH_3COOH 含量/g	CH_3COOH 质量分数/%	相对密度 d_4^{20}	100mL 水溶液中 CH_3COOH 含量/g
1	0.9996	0.9996	65	1.0660	69.33
2	1.0012	2.0020	70	1.0685	74.80
3	1.0025	3.0080	75	1.0696	80.22
4	1.0040	4.0160	80	1.0700	85.60
5	1.0055	5.0280	85	1.0689	90.86
10	1.0125	10.1300	90	1.0661	95.59
15	1.0195	15.2900	91	1.0652	96.93
2	1.0263	20.5300	92	1.0643	97.92
25	1.0326	25.8200	93	1.0632	98.88
30	1.0384	31.1500	94	1.0619	99.82
35	1.0438	36.5300	95	1.0605	100.70
40	1.0488	41.9500	96	1.0588	101.60
45	1.0534	47.4000	97	1.0570	102.50
50	1.0575	52.8800	98	1.0549	103.40
55	1.0611	58.3600	99	1.0524	104.20
60	1.0642	63.8500	100	1.0498	105.00

氢氧化钾

KOH 质量分数/%	相对密度 d_4^{20}	100mL 水溶液中 KOH 含量/g	KOH 质量分数/%	相对密度 d_4^{20}	100mL 水溶液中 KOH 含量/g
1	1.0083	1.008	18	1.1588	21.04
2	1.0175	2.035	20	1.1884	23.77
4	1.0359	4.144	22	1.208	26.56
6	1.0554	6.326	24	1.2282	29.48
8	1.073	8.548	28	1.2695	35.55
10	1.0918	10.92	30	1.2905	38.72
12	1.1108	13.33	32	1.3117	41.97
14	1.1299	15.82	34	1.3331	45.33
16	1.1493	19.7	36	1.3549	48.78

续表

KOH质量分数/%	相对密度 d_4^{20}	100mL水溶液中KOH含量/g	KOH质量分数/%	相对密度 d_4^{20}	100mL水溶液中KOH含量/g
38	1.3769	52.32	46	1.4673	67.5
40	1.3991	55.96	48	1.4907	71.55
42	1.4215	59.7	50	1.5143	75.72
44	1.4443	63.55	52	1.5382	79.99

氢氧化钠

NaOH质量分数/%	相对密度 d_4^{20}	100mL水溶液中NaOH含量/g	NaOH质量分数/%	相对密度 d_4^{20}	100mL水溶液中NaOH含量/g
1	1.0083	1.008	28	1.2695	35.55
2	1.0175	2.035	30	1.2905	38.72
4	1.0359	4.144	32	1.3117	41.97
6	1.0554	6.326	34	1.3331	45.33
8	1.073	8.548	36	1.3549	48.78
10	1.0918	10.92	38	1.3769	52.32
12	1.1108	13.33	40	1.3991	55.96
14	1.1299	15.82	42	1.4215	59.7
16	1.1493	19.7	44	1.4443	63.55
18	1.1588	21.04	46	1.4673	67.5
20	1.1884	23.77	48	1.4907	71.55
22	1.208	26.56	50	1.5143	75.72
24	1.2282	29.48	52	1.5382	79.99

碳酸钠

Na_2CO_3质量分数/%	相对密度 d_4^{20}	100mL水溶液中Na_2CO_3含量/g	Na_2CO_3质量分数/%	相对密度 d_4^{20}	100mL水溶液中Na_2CO_3含量/g
1	1.0086	1.009	12	1.1244	13.49
2	1.019	2.038	14	1.1463	16.05
4	1.0398	4.159	16	1.1682	18.5
6	1.0606	6.364	18	1.1905	21.33
8	1.0816	8.653	20	1.2132	24.26

氨水

NH_3质量分数/%	相对密度 d_4^{20}	100mL水溶液中NH_3含量/g	NH_3质量分数/%	相对密度 d_4^{20}	100mL水溶液中NH_3含量/g
1	0.99	9.94	16	0.94	149.80
2	0.99	19.79	18	0.93	167.30
4	0.98	39.24	20	0.92	184.60
6	0.97	58.38	22	0.92	201.60
8	0.97	77.21	24	0.91	218.40
10	0.96	95.75	26	0.90	235.00
12	0.95	114.00	28	0.90	251.40
14	0.94	132.00	30	0.89	267.60

附录 3　常用恒沸混合物的组成和恒沸点

二元恒沸混合物

恒沸物的组成	各组分的沸点/℃		质量分数/%		恒沸点/℃
水-乙醇	100	78.3	4.4	95.6	78.1
水-正丁醇	100	117.8	38.0	62.0	92.4
水-苯	100	80.1	8.9	91.1	69.3
水-甲苯	100	110.8	19.6	80.4	84.1
水-乙酸乙酯	100	77.1	8.1	91.9	70.4
水-正丁酸丁酯	100	125.0	26.7	73.3	90.2
水-乙醚	100	34.5	1.3	98.7	34.2
水-甲酸	100	100.8	22.5	77.5	107.3
水-丁醛	100	75.7	6.0	94.0	68.0
四氯化碳-乙酸乙酯	76.8	77.1	57.0	43.0	74.8
四氯化碳-乙醇	76.8	78.3	84.2	15.8	65.0
己烷-苯	69	80.1	95.0	5.0	68.8
己烷-氯仿	69	61.2	28.0	72.0	60.8
丙酮-氯仿	56.5	61.2	20.0	80.0	65.5
丙酮-异丙醚	56.5	69.0	61.0	39.0	54.2
环己烷-苯	80.8	80.1	45.0	55.0	77.8

三元恒沸物

恒沸物组分	质量分数			恒沸点/℃
水-乙醇-乙酸乙酯	9.0	8.4	82.6	70.2
水-乙醇-四氯化碳	4.3	9.7	86.0	61.8
水-乙醇-苯	7.4	18.5	74.1	64.9
水-乙醇-环己烷	7.0	17.0	76.0	62.1
水-乙醇-氯仿	3.5	4.0	92.5	55.5
水-异丙醇-苯	7.5	18.7	73.8	66.5
水-二硫化碳-丙酮	0.8	75.2	24.0	38.0

附录 4 常用有机溶剂的物理常数

溶剂	沸点(101325 Pa)/℃	熔点/℃	相对分子质量	相对密度(20℃)	相对介电常数	溶解度/(g/100gH_2O)
乙醚	35	−116	74	0.71	4.3	6.0
二硫化碳	46	−111	76	1.26	2.6	0.29(20℃)
丙酮	56	−95	58	0.79	20.7	∞
氯仿	61	−64	119	1.49	4.8	0.82(20℃)
甲醇	65	−98	32	0.79	32.7	∞
四氯化碳	77	−23	154	1.59	2.2	0.08
乙酸乙酯	77	−84	88	0.90	6.0	8.1
乙醇	78	−114	46	0.79	24.6	∞
苯	80	5.5	78	0.88	2.3	0.18
异丙醇	82	−88	60	0.79	19.9	∞
正丁醇	118	−89	74	0.81	17.5	7.45
甲酸	101	8	46	1.22	58.5	∞
甲苯	111	−95	92	0.87	2.4	0.05
吡啶	115	−42	79	0.98	12.4	∞
乙酸	118	17	60	1.05	6.2	∞
乙酐	140	−73	102	1.08	20.7	反应
硝基苯	211	6	123	1.20	34.8	0.19(20℃)

附录 5 红外光谱中的一些特征吸收频率

化学键或官能团	化合物	σ/cm^{-1}	峰的强度与特点
—C—H(sp³，C上另有三个单键)	烷烃	2850～2960	强
=C—H	烯烃	3010～3100	中
≡C—H	炔烃	3300	强
—C—C—	烷烃	600～1500	(弱无意义)
>C=C<	烯烃	1620～1680	可变化
—C≡C—	炔烃	2100～2260	可变化
—C≡N	腈	2200～2300	可变化
—C—O—	醇，醚，羧酸，酯	1000～1300	强
>C=O	醛	1720～1740	强

续表

化学键或官能团	化合物	σ/cm⁻¹	峰的强度与特点
>C=O	酮	1705～1725	强
>C=O	羧酸，酯	1700～1750	强
—O—H	醇，酚	3590～3650	明显，可变
—O—H	醇，酚（氢键）	3200～3400	强，宽
—O—H	羧酸（氢键）	2500～3300	宽，可变
$-N(H)_2$（—N 连两个 H）	一级胺	3300～3500（双峰）	中
>N—H	二级胺	3300～3500（单峰）	中
$-N(O^-)_2$（—N 连两个 O⁻）	硝基化合物	1600~1500 / 1400~1300 (双峰)	强

附录 6 有机化合物手册中常见的英文缩写（部分）

英文缩写	注释	英文缩写	注释
abs	绝对的	m. p.	熔点
A(ac)	酸	b. p.	沸点
Ac	乙酰(基)	s	可溶的
ace	丙酮	s	秒
al	醇	sl	微溶
B	碱	so	固体
Aq	水的	sol	溶液
Bz	苯	solv	溶剂
DCM	二氯甲烷	THF	四氢呋喃
cryst.	结晶	Tol. (to.)	甲苯
DMF	二甲基甲酰胺	v	非常
dil.	稀释	w	水
Et	乙基	δ	微溶
h	小时	∞	无限溶
liq	液体	C. P.	化学纯
ml	毫升	A. R.	分析纯
		G. R.	优级纯

参考文献

[1] 邢其毅．基础有机化学［M］．第3版．北京：高等教育出版社，2005.
[2] 曾昭琼．有机化学．［M］．第4版．北京：高等教育出版社，2004.
[3] 曾昭琼．有机化学实验．［M］．第3版．北京：高等教育出版社，2000.
[4] 谷享杰．有机化学实验．［M］．第2版．北京：高等教育出版社，2002.
[5] 朱霞石，李增光，李宗伟．新编大学化学实验（二）［M］．北京：化学工业出版社，2010.
[6] 山东大学．有机化学实验［M］．济南：山东大学出版社，1988.
[7] 李兆陇，阴金香，林天舒．有机化学试验［M］．北京：清华大学出版社，2001.
[8] 李吉海，刘金庭．基础化学实验（Ⅱ）——有机化学实验［M］．第2版．北京：化学工业出版社，2007.
[9] 北京大学化学院有机化学研究所．有机化学实验［M］．第2版．北京：北京大学出版社，2002.
[10] 兰州大学，复旦大学化学系有机化学教研室．有机化学实验［M］．第2版．北京：高等教育出版社，1994.
[11] 颜朝国，王香善，杨锦明，等．新编大学化学实验（四）［M］．北京：化学工业出版社，2010.
[12] 赵斌．有机化学实验［M］．青岛：中国海洋大学出版社，2009.
[13] 唐玉海．有机化学实验［M］．北京：高等教育出版社，2010.
[14] 刘红英．有机化学实验［M］．北京：中国农业出版社，2008.
[15] 杨善中．有机化学实验［M］．合肥：合肥工业大学出版社，2002.
[16] 谢文林，刘汉文．有机化学实验［M］．湘潭：湘潭大学出版社，2012.
[17] 周科衍，高占先．有机实验教学指导［M］．北京：高等教育出版社，1994.
[18] 王兴涌．有机化学实验［M］．北京：科学出版社，2004.
[19] 殷学锋．新编大学化学实验［M］．北京：高等教育出版社，2002.
[20] 华南师范大学．有机化学实验［M］．天津：南开大学出版社，2001.
[21] 北京化学试剂公司．化学试剂·精细化学品产品目录［M］．北京：化学工业出版社，1999.
[22] 邹立科，谢斌．简明有机化学实验［M］．重庆：重庆大学出版社，2010.
[23] 任玉杰．绿色有机化学实验［M］．北京：化学工业出版社，2007.
[24] 阴金香．基础有机化学实验［M］．北京：清华大学出版社，2010.
[25] 武汉大学化学与分子科学学院实验中心．有机化学实验［M］．武汉：武汉大学出版社，2004.
[26] 刘湘，刘士荣．有机化学实验［M］．北京：化学工业出版社，2007.
[27] 韩长日，宋小平．药物制造技术［M］．北京：科学技术文献出版社，2000.
[28] 韩广甸，范如霖，李述文编译．有机制备化学手册（中卷）［M］．北京：北京工业出版社，1985.
[29] 荣国斌译，朱士正校．有机人名反应．——机理及应用［M］．第4版．北京：科学出版社，2011.
[30] 王清廉．有机化学实验［M］．第2版．北京：高等教育出版社，1994.
[31] 朱红军．有机化学微型实验［M］．北京：化学工业出版社，2007.
[32] 李明星，张琳萍、唐诗钊，等．工程化学实验［M］．北京：科学出版社，2012.
[33] 李明．有机化学实验［M］．北京：科学出版社，2010.
[34] 罗一鸣，唐瑞仁．有机化学实验与指导［M］．长沙：中南大学出版社，2005.
[35] 苏新梅，范雪娥．关于Hinsberg试验问题的探讨［J］．新乡师专学报（自然科学版），1995，9（2）：66-69.
[36] 陶绍木，张建华，彭昌亚，等．杂环化合物的应用和发展［J］．中国食品添加剂，2003，3：31-34.
[37] 张晓华．溴苯的绿色合成［J］．辽宁师专学报，2010，12（4）：97-98.
[38] 张文兵．改进溴苯制备实验［J］．实验教学与仪器，2000，1：10.
[39] 刘志雄，程清蓉．对氨基苯甲酸的合成研究［J］．化学与生物工程，2004，2：10-12.
[40] 顾明广，苏芳，马圣俊，等．环己烯制备中几种催化剂的比较［J］．广州化工，2012，40（23）：87-88.
[41] 曾小君．从环己烯制备实验的改进谈化学实验的“绿色化”［J］．实验室研究与探索，2004，23（7）：69-71.
[42] 郭俊胜．环己醇催化脱水制备环己烯的研究［J］，化学试剂，2001，23（3）：178-179.
[43] 王建萍，田欣哲．溴乙烷制备实验的改进［J］．洛阳师范学院学报，2002，5：55-56.
[44] 刘淑芬．关于正溴代烷实验时制法的讨论［J］．烟台师范学院学报（自然科学版），1995，11（2）：77-80.
[45] 候琳娜．提高1-溴丁烷制备实验效果的方法与措施［J］．广州化工，2008，35（3）：27-28.

[46] 徐锁平，徐郭，裴元．2,4-二羟基苯乙酮的微波合成及晶体结构 [J]．徐州师范大学学报（自然科学版），2010，1：68-70.
[47] 孙天旭，王立．三氯化铝系列催化剂在 Friedel-Crafts 酰基化反应中的应用进展 [J]．精细石油化工，2006，23 (1)：57-62.
[48] 季锦林．环己酮肟制备工艺的优化 [J]．化学工业与工程技术，2010，31 (5)：56-57.
[49] 刘翔峰，史道华．查尔酮合成方法的研究进展 [J]．应用化工，2009，38 (8)：1210-1213.
[50] 余远斌，张燕慧．对硝基甲苯氧化制备对硝基苯甲酸 [J]．现代化工，1992，12：18-21.
[51] 邓映波．以 Perkin 反应为机理的肉桂酸制备方法的研究 [J]．长沙医学院学报，2013，11 (2)：46-52.
[52] 陈玉梅．茶叶中提取咖啡因实验条件的研究 [J]．太原师范学院学报，2012，11 (1)：113-116.
[53] 张勇，马可望，张少敏，等．五种从茶叶中提取咖啡因的方法比较研究 [J]．湖北师范学院学报（自然科学版），2012，32 (4)：23-27.
[54] 张生明．茶叶中提取咖啡因方法的研究 [J]．青海民族大学学报（教育科学版），2010，5：45-47.
[55] 冯晓萍，查忠勇，王槐三，等．银杏叶黄酮提取工艺研究现状 [J]．四川化工与腐蚀控制，2002，5 (2)：13-16.
[56] 张春秀，胡小玲，卢锦花，等．银杏叶黄酮类化合物的提取分离 [J]．化学研究与应用，2001，13 (4)：454-456.
[57] 庄玲华，李晖．银杏叶活性成分的提取分离研究概况 [J]．华西药学杂志，2002，17 (6)：437-439.
[58] 郭国瑞，谢义荣，钟海山，等．超声波提取银杏黄酮苷的工艺研究 [J]．赣南师范学院学报，2001，(3)：45-48.
[59] 李嵘，金美芳．微波法提取银杏黄酮苷新工艺 [J]．食品科学，2000，21 (2)：39-41.
[60] 李新岗，黄蕴慧，顾银娜，等．银杏内酯的柱色谱制备 [J]．中国医药工业杂志，2001，32 (1)：4-8.
[61] 季大洪，苏瑞强，王颖．高新工程技术在中药提取分离中的应用 [J]．时珍国医国药，2000，11 (4)：369-370.
[62] 韩金玉，颜迎春，常贺英，等．银杏萜内酯提取与纯化技术 [J]．中草药，2002，33 (11)：附 2.
[63] 薄彩颖，毕良武，王玉民，等．DCC 及其在有机合成中的应用 [J]．化工时刊，2007，21 (10)：4-6.
[64] 陈建村．DCC 的制备及其在印染等相关领域的应用 [J]．印染助剂，1997，14 (5)：20-22.
[65] 蔡菊香，岳林海，阮攀科，等．葡萄糖酸锌合成条件的研究 [J]．浙江化工，1995，2：26-28.
[66] 王海棠，周红．葡萄糖酸锌的合成 [J]．武汉化工学院学报，2001，23 (1)：25-27.
[67] 高庆．利用 Perkin 反应制备香豆素的实验 [J]．实验室科学，2011，14 (3)：75-78.
[68] 罗娟，邓彤彤，杨余芳．巯基乙酸铵的制备 [J]．精细化工中间体，2002，32 (1)：37-38.
[69] 朱传方，徐汉红．可逆热色性化合物的研究进展 [J]．化学进展，2001，13 (4)：261-267.
[70] 马明阳，王雷．流动注射化学发光法测定盐酸利多卡因 [J]．西安文理学院学报（自然科学版），2009，12 (1)：52-54.
[71] 石文兵．$KMnO_4$ 鲁米诺体系测定苯唑西林钠 [J]．分析实验室，2009，28 (6)：39-42.
[72] 李菁菁，张玲，屠一锋．纳米 SnO_2 增敏鲁米诺化学发光的研究与应用 [J]．分析测试学报，2009，28 (1)：63-66.
[73] 崇明本，张典鹏，李琪．2-庚酮制备应用新进展 [J]．化工生产与技术，2004，11 (2)：25-30.
[74] Liu E，Xue B. Flow injection determinatio of adenine at trace level based on luminal $K_2Cr_2O_7$ chemiluminescence in a micellar medium [J]．J Pharm Biomed Anal，2006，41 (2)：649-653.
[75] Banik B K，Chapa M，Marquez J，et al. A remarkable iodine-catalyzed protection of carbonyl compounds [J]．Tetrahedron Letters，2005，46 (13)：2341-2343.
[76] Srikrishna A，Viswajanani R. A mild and simple procedure for the reductive cleavage of acetals and ketals [J]．Tetrahedron，1995，51 (11)：3339-3344.